安全生产技术系列

简易升降机安全操作与管理

主　编　金仲平　李隆骏
编　者　金仲平　李隆骏　叶未名　傅明远　陈永玉
　　　　吕信策　王涤宇　张　雍　傅俊鹤　柯　伟
　　　　林　荣　陶修飞　吕　正　卢　金

机械工业出版社

本书根据《中华人民共和国特种设备安全法》和国家质量监督检验检疫总局颁布的 TSG 08—2017《特种设备使用管理规则》编写。内容包括简易升降机的概述、简易升降机的基本构造、简易升降机的安全保护装置、简易升降机相关法律法规、安全管理技术与管理制度，以及简易升降机的安全操作规程、日常维护及故障诊断，简易升降机的事故案例分析及预防。

本书可作为简易升降机使用单位的安全管理人员和作业人员的学习及培训教材，也适于作为简易升降机行业的入门读本。

图书在版编目（CIP）数据

简易升降机安全操作与管理/金仲平，李隆骏主编 . —北京：机械工业出版社，2018.9

ISBN 978-7-111-59656-1

Ⅰ. ①简… Ⅱ. ①金…②李… Ⅲ. ①升降机－安全管理 Ⅳ. ①TH211

中国版本图书馆 CIP 数据核字（2018）第 073191 号

机械工业出版社（北京市百万庄大街 22 号　邮政编码 100037）

策划编辑：沈　红　责任编辑：沈　红　臧弋心　李含杨
责任校对：郑　婕　封面设计：张　静
责任印制：常天培

北京圣夫亚美印刷有限公司印刷

2018 年 7 月第 1 版第 1 次印刷
169mm×239mm · 9.5 印张 · 192 千字
0 001—3 000 册
标准书号：ISBN 978-7-111-59656-1
定价：39.00 元

前　　言

　　特种设备是指《中华人民共和国特种设备安全法》管辖范围的锅炉、压力容器（含气瓶）、压力管道和电梯、起重机械、客运索道、大型游乐设施、场（厂）内机动车等八大类设备。这些设备一旦发生事故，将给人民生命财产造成巨大的甚至是灾难性的损失。

　　简易升降机属于起重机械的一种，是以曳引机、卷扬机、电动葫芦和液压泵站等作为驱动装置，通过钢丝绳、齿轮齿条、链条或者液压缸等部件带动货厢，在井道内沿垂直或与垂直方向倾斜角小于15°的刚性导向装置运行的仅用于运载货物的起重机械。

　　自20世纪90年代我国出现第一批简易升降机发展至今，全国在用的简易升降机数量粗略估计至少有十几万台，主要集中在福建、浙江等沿海地区。

　　简易升降机作为起重机械的一个品种，但却具有与电梯类似的安全保护装置，如下行超速保护装置、层门联锁保护装置、行程极限开关、缓冲装置和防止人员靠近吊笼等安全保护装置，以及失电、短路、过载、断错相等电气保护功能。因此，从结构与功能的角度来说，它更类似电梯。

　　我国对简易升降机的监管与法规、标准的建立也经历坎坷：2000年以后，随着经济发展，简易升降机数量逐渐增加，事故频发；2002年，浙江省质量技术监督局出台了《浙江省在用固定式简易升降机安全质量整治暂行办法》；2005年，国家质量监督检验检疫总局（以下简称国家质检总局）将简易升降机纳入《特种设备目录》；2010年，浙江省出台了地方标准DB 33/776—2010《简易升降机安全技术规范》，该标准改变了以往简易升降机无相应标准约束的状况；2013年，国家颁布了强制标准GB 28755—2012《简易升降机安全规程》，填补了简易升降机无全国性标准的空白，对简易升降机安全保护装置提出了更高的要求；2016年，国家质检总局特种设备安全技术规范TSG Q7016—2016《起重机械安装改造重大修理监督检验规则》及TSG Q7015—2016《起重机械定期检验规程》的实施，增加了简易升降机安装检验和定期检验的相关内容。

　　《中华人民共和国特种设备安全法》规定："特种设备生产、经营、使用单位及其主要负责人对其生产、经营、使用的特种设备安全负责。""特种设备生产、经营、使用单位应当按照国家有关规定配备特种设备安全管理人员、检测人员和作业人员，并对其进行必要的安全教育和技能培训。"国家质检总局2017年颁布的特种设备安全技术规范TSG 08—2017《特种设备使用管理规则》，明确了使用单位的主体责任，即特种设备使用单位负责特种设备安全与节能管理，承担特种设备使用安全与节能主体责任。

由于简易升降机的监管模式与法规、标准变动频繁，不少业内专业人士都感到不知所措，更遑论广大的相关从业人员。所以，急需编纂一本简易升降机专业教材或读本，满足简易升降机安全操作及管理人员上岗需求。

本书由台州市特种设备监督检验中心组织编写，全书共分七章，由金仲平、李隆骏主编。本书在编写过程中得到了许多业界同人、特种设备系统领导及专家的大力支持，并提出了许多宝贵意见。本书编写时参考了有关专业教材及相关特种设备法规、标准文献资料，在此对有关作者一并表示感谢。

由于编者水平有限，难免会有不当之处，敬请广大读者批评指正。

编　者

目　　录

第一章 简易升降机的概述

第一节 引 言

一、简易升降机的定义

简易升降机指以曳引机、卷扬机、电动葫芦、液压泵站等作为驱动装置，通过钢丝绳、齿轮齿条、链条或液压缸等部件带动货厢，在井道内沿垂直或与垂直方向倾斜角小于 15°的刚性导向装置运行的仅用于运载货物的起重机械。

《特种设备目录》规定，用于垂直升降或者垂直升降并水平移动重物的机电设备，其范围规定为额定起重量大于或者等于 0.5t 的升降机，国家对这种机电设备实行目录管理。

二、简易升降机的特点

简易升降机结构较简单，技术含量低，价格低廉。同类简易升降机的规格差别很大，额定起重量从 200kg 到 3000kg，货厢最大有效面积从 $1.00m^2$ 到 $8.7m^2$，具有广泛的环境适应性，特别是对井道结构尺寸的要求远低于载货电梯，因而在中小型企业中得到了广泛的应用。

同时，由于沿海地区土地资源匮乏，相当多的个体、民营企业受厂房结构的限制和经济条件的制约，以及部分使用场合的特殊需要不适宜安装电梯，因此对简易升降机的需求还有增加的趋势。

三、简易升降机的发展历程

20 世纪 90 年代，在我国出现了第一批的无相关技术标准和技术规范约束的简易升降机。

2002 年，在国家质量技术监督总局的要求下，全国开展了特种设备的普查工作，发现了大量的土制简易升降机。为此，浙江省质量技术监督局（以下简称浙江省质监局）出台了《浙江省在用固定式简易升降机安全质量整治暂行办法》（浙质锅发〔2002〕97 号），将简易升降机纳入质监部门监管范围，并开始整治工作。

2004 年，浙江省质监局出台了《关于加强在用固定式简易升降机日常维修保养工作的通知》（浙质特便字〔2004〕71 号），提高了技术和维护保养要求。

2005 年，根据《特种设备目录》中的简易升降机类别，相关单位申请并取得了简易升降机的制造资格。

2006 年，浙江省质监局出台了《关于深化固定式简易升降机和码头吊专项整治工作的通知》（浙质特发〔2006〕179 号），针对允许制造简易升降机以后，对制造企业的取证、生产进行了规范。

2006 年 10 月，简易升降机被纳入《实施制造监督检验的起重机目录》。

2007 年 11 月，国家质检总局下发了《关于起重机械专项治理工作有关问题的通知》（国质检特函〔2007〕901 号），对简易升降机进行了定义，并进一步提出了简易升降机必须满足的基本安全要求，同时不再允许制造单位新取证和换证。

2008 年，浙江省质监局出台了《关于进一步做好简易升降机安全监管工作的通知》（浙质特发〔2008〕241 号），在行政许可、安全要求、使用管理、检验把关及执法整治等各环节进一步进行了明确规定，特别是严格界定了 0.5t 以下的简易升降机，打击了通过虚假标称的方式来恶意逃避监管的行为。

2008 年，浙江省启动地方标准 DB 33/776《简易升降机安全技术规范》的编制工作，2010 年 2 月 5 日发布，2010 年 5 月 1 日实施。

2011 年，废止（国质检特函〔2007〕901 号）文件，恢复制造许可，出台了GB 28755—2012《简易升降机安全规程》，并于 2013 年 2 月 1 日起实施。

2016 年 3 月，国家质检总局出台了 TSG Q7016—2016《起重机械安装改造重大修理监督检验规则》，将简易升降机纳入安装监督检验范围。

四、简易升降机的发展趋势

简易升降机将产生各种新的变化、新的功能，其发展趋势主要有以下几点：

1）简易升降机系列化，零、部件专业化生产正在扩大和发展，具有广泛的通用性，单一品种生产批量相对较少。通过优化设计，可提高主要零、部件的通用化率，增大其生产批量，提高质量，降低生产成本。例如，驱动主机、安全保护装置、控制系统、导向装置等，各有其独特的制造工艺，适于组织专业生产厂进行专业化批量生产。通用零、部件市场正在日益扩大和发展，整机厂自制率正在逐步降低，一般在 40% 以下。

2）安全保护装置日渐完善，运行安全可靠。为保护作业人员的人身安全，安全保护装置应用越来越普及，各种电子报警装置也在日益发展完善。

3）造价低廉。用工程塑料替代部分金属制品，如选择比重较大的低廉材料代替铸铁用于对重材料；如用阻燃型塑料做成轿壁、轿门、层门及其构件等。

4）维修保养简便。电力驱动与控制系统不断采用模块结构，使得简易升降机的运行或故障状态能清楚地指示，提高维修保养效率，确保运行安全零故障。

第二节　简易升降机的基本知识

一、简易升降机的分类

1. 强制式简易升降机

采用链条、钢丝绳悬吊的非摩擦方式驱动的简易升降机称为强制式简易升降机。采用电动葫芦、卷扬机为驱动装置的强制式简易升降机如图 1-1 所示。

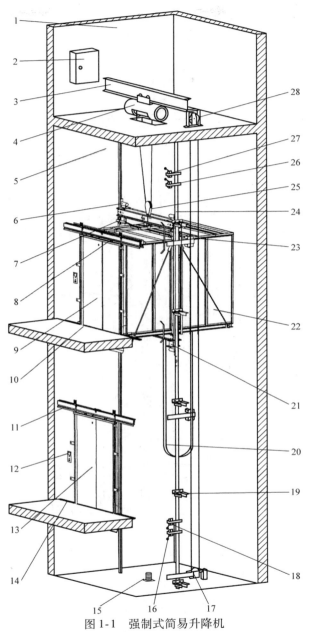

图 1-1 强制式简易升降机

1—机房 2—控制柜（屏） 3—承重梁 4—电动葫芦 5—井道 6—导靴 7—停层保险装置
8—货厢上坎 9—货厢门 10—货厢地坎 11—层门上坎 12—层门按钮 13—层门 14—层门地坎
15—缓冲器 16—下极限开关 17—限速器张紧装置 18—下限位开关 19—导轨支架 20—随行电缆
21—安全钳 22—货厢 23—平层感应器 24—导轨 25—滑轮 26—上限位开关 27—上极限开关 28—限速器

2. 曳引式简易升降机

依靠摩擦力驱动的简易升降机，即采用曳引机为驱动装置的简易升降机称为曳引式简易升降机，如图 1-2 所示。

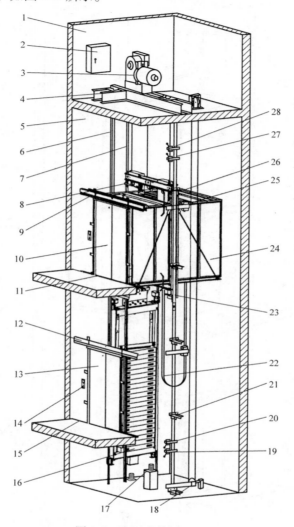

图 1-2　曳引式简易升降机

1—机房　2—控制柜（屏）　3—驱动主机　4—主机底座　5—井道　6—导轨　7—钢丝绳　8—停层保险装置　9—货厢上坎　10—货厢门　11—货厢地坎　12—层门上坎　13—层门　14—层门按钮　15—层门地坎　16—对重　17—缓冲器　18—限速器张紧装置　19—下极限开关　20—下限位开关　21—导轨支架　22—随行电缆　23—安全钳　24—货厢　25—平层感应器　26—反绳轮　27—上限位开关　28—上极限开关

3. 直接作用液压式简易升降机

液压缸与货厢直接连接，同步驱动货厢运行的简易升降机称为直接作用液压式简易升降机，如图 1-3 所示。

4. 齿轮齿条式简易升降机

采用齿轮齿条传动的简易升降机称为齿轮齿条式简易升降机，如图 1-4 所示。

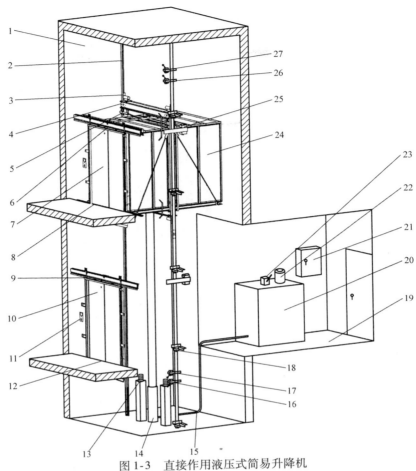

图1-3　直接作用液压式简易升降机

1—井道　2—导轨　3—导靴　4—货厢上梁　5—停层保险装置　6—货厢上坎　7—货厢门　8—货厢地坎
9—层门上坎　10—层门　11—层门按钮　12—层门地坎　13—缓冲器　14—液压柱塞　15—液压油管
16—下极限开关　17—下限位开关　18—导轨支架　19—机房　20—液压缸　21—控制柜（屏）
22—液压马达　23—液压控制阀组　24—货厢　25—平层感应器　26—上限位开关　27—上极限开关

二、简易升降机的特征参数

1）额定起重量主要有如下几种：强制式简易升降机不大于1500kg，其他类型的简易升降机不大于3000kg。

2）额定速度：不大于0.3m/s。

3）提升高度：曳引式简易升降机不大于20m，其他型式的简易升降机不大于15m。

4）层站数：曳引式简易升降机不超过六层，其他型式的简易升降机不超过四层。

三、简易升降机的一般术语

1）货厢：简易升降机中用于承载货物的部件。

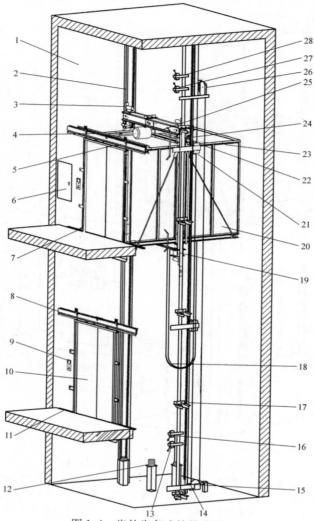

图 1-4 齿轮齿条式简易升降机

1—井道 2—导轨 3—导靴 4—驱动电动机 5—货厢上坎 6—控制柜（屏） 7—货厢地坎
8—层门上坎 9—层门按钮 10—层门 11—层门地坎 12—缓冲器 13—下极限开关 14—限速器张紧装置开关
15—限速器张紧装置 16—下限位开关 17—导轨支架 18—随行电缆 19—安全钳 20—货厢 21—平层感应器
22—齿条 23—停层保险装置 24—齿轮 25—减速器 26—限速器 27—上限位开关 28—上极限开关

2）额定起重量：设计所规定的正常工作条件下货厢内允许承受的最大质量。

3）额定速度：设计所规定的货厢速度。

4）货厢有效面积：货厢门关闭时，在货厢地板处测量的平面面积。

5）提升高度：从底层端站地坎上表面至顶层端站地坎上表面之间的垂直距离。

6）停层保护装置：简易升降机在停层装卸货物时，防止货厢发生非正常滑移、坠落的安全装置。

7）下行超速保护装置：货厢向下运行速度超过额定速度一定值时，能直接使货厢减速直至停止的安全装置。

8）对重：由曳引绳经曳引轮与货厢相连接，在曳引式简易升降机运行过程中保持曳引能力的装置。

9）平衡重：为节约能源而设置的平衡货厢质量的装置。

10）机房：安装一台或多台驱动主机及附属设备的专用房间。

11）井道：货厢和对重装置或（和）液压缸柱塞运动的空间，此空间是以井道底坑的底井道壁和井道顶为界限的。

12）井道壁：用来隔开井道与其他场所的结构。

13）道宽度：平行于货厢宽度方向的井道壁内表面之间的水平距离。

14）井道深度：垂直于井道宽度方向的井道壁内表面之间的水平距离。

15）对重装置顶部间隙：当货厢处于压缩缓冲器的位置时，对重装置最高的部分与井道顶部最低部分之间的垂直距离。

16）顶层高度：由顶层端站地板至井道顶板下最突出构件之间的垂直距离。

17）顶层端站：最高的货厢停靠站。

18）层间距离：两个相邻停靠层站层门地坎之间的距离。

19）层站：各楼层出入货厢的地点。

20）层站入口：在井道壁上的开口部分，它构成从层站到货厢之间的通道。

21）底层端站：最低的货厢停靠站。

22）底坑：底层端站地板以下的井道部分。

23）底坑深度：由底层端站地板至井道底坑地板之间的垂直距离。

24）开锁区域：货厢停靠层站时在地坎上、下延伸的一段区域。货厢底在此区域内时门锁方能打开，开启层门、轿门。

25）平层准确度：货厢到站停靠后，货厢地坎上平面与层门地坎上平面之间垂直方向的偏差值。

26）平层：在平层区域内，使货厢地坎与层门地坎达到同一平面的运动。

27）平层区：货厢停留站上方和（或）下方的一段有限区域。在此区域内可以用平层装置来使货厢运行达到平层要求。

28）开门宽度：货厢门和层门完全开启的净宽。

29）货厢入口：在货厢壁上的开口部分，它构成从货厢与层站之间的正常通道。

30）货厢入口净尺寸：货厢到达停靠站、货厢门完全开启后，所测得的门口宽度和高度。

31）货厢宽度：平行于货厢入口宽度的方向，在距货厢底 1.0m 处测得的货厢壁两个内表面之间的水平距离。

32）货厢深度：垂直于货厢宽度的方向，在距货厢底 1.0m 处测得的货厢壁两个内表面之间的水平距离。

33）货厢高度：从货厢内部测得的地板与货厢顶部之间的垂直距离（货厢顶灯罩和可拆卸的吊顶在此高度之内）。

34）检修操作：在简易升降机检修时，控制检修装置使货厢运行的操作。

35）紧急开锁钥匙：设置在简易升降机的每个层门上，供专职维修或救援人员在层门外手动打开层门的专用钥匙。

第二章　简易升降机的基本构造

第一节　简易升降机的井道结构

简易升降机是在建筑物内仅提供垂直运输货物的起重设备，它通常安装在为其设计的专用井道内。井道为简易升降机的部件和组件提供安装位置、固定支撑、运行和施工空间，通过井道壁可以将简易升降机与外部分隔开，防止人员遭受简易升降机运行部件危害，或用手持物体触及井道内的简易升降机相关设备而干扰简易升降机的安全运行。此外，井道的设计和建筑除必须满足简易升降机的正常工作条件外，应尽可能减少建筑物对简易升降机运行产生的影响，如振动、支撑、排水和抗震等诸多问题，还应降低简易升降机因运行产生的振动、噪声对建筑物内相关人员和其他设备的影响，因此井道的设计应由专业的设计单位进行，由专业的建筑单位按照设计要求对其施工完成。

由于简易升降机出厂时是散装的部件，而且其整机的组装必须在建筑物内完成，因此简易升降机与建筑物的关系尤为重要。建筑物的要求必须符合简易升降机对土建的相关要求，简易升降机的制造单位必须根据建筑物的要求，设计符合标准的设备并进行安装调试。同时也必须明确双方的职责范围和责任关系，以免在简易升降机的施工过程中因建筑物无法满足设计要求而造成不可挽回的局面。

一、机房和检修平台

机房和检修平台是用于设置安装驱动装置及其附属设备的专用空间，该空间仅允许经批准的人员进入，不得用于作为简易升降机以外的其他用途；应提供人员进出机房或检修平台的安全通道，特殊情况下允许人员通过货厢检修窗进入检修平台；通往机房或检修平台的通道应设永久性电气照明装置，以获得适当的照度；机房或检修平台应在入口附近设置停止装置、固定照明装置及其开关、独立的电源插座，以及消防设施（仅对于有机房）。机房的安全通道及相关设施如图 2-1 所示。

（一）机房

机房应采用经久耐用和不易产生灰尘的材料建造，还应具有坚固的结构，能承受预定的载荷；并能适应各种天气条件，且通风良好。通常情况下由混凝土或砖墙结构组成，且墙面或顶部不应渗漏或飘雨。对于钢结构建筑，墙体应有隔热装置，以保证设备能在正常的环境温度下运行。

a) 机房警示标志

b) 机房通道

c) 紧急停止装置

d) 固定照明开关及电源插座

e) 消防设施

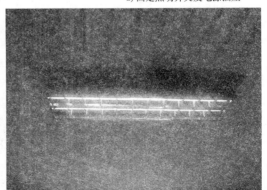
f) 固定照明

图 2-1　机房的安全通道及相关设施

机房应足够大，以确保人员安全和方便地对有关设备进行作业，尤其是对电气设备的作业。如果条件允许，机房高度应保持在 2m 以上。机房门、窗应防风雨，机房门应有锁；机房门一般由防火材料组成，且朝外开启；机房门外应有相关警示标志。

机房地板上的开孔尺寸，在满足使用条件下应减到最小。为了防止物体通过位于井道上方的开口，包括通过电缆用的开孔发生坠落的危险，应在开孔处设置圈框，此圈框应凸出地面至少 50mm，如图 2-2 所示。

a) 机房电缆孔洞圈框   b) 机房钢丝绳孔洞圈框

图 2-2   机房孔洞圈框

（二）检修平台

由于实际建筑物的结构不同，检修平台的设计及形式也不同，相关标准只允许简易升降机设置以下三种形式的检修平台，并规定了相关要求。

第一种形式：当驱动装置设在底坑区域内时，允许以底坑地面作为检修平台，并在适合检修位置设置机械装置，以防止人员在底坑作业时货厢运行或坠落。该机械装置应设置有效的电气联锁装置，使其能在作用时切断简易升降机的电气安全回路。此类形式适于卷扬机作为驱动装置，并设置在底坑内的方案。一般简易升降机很少使用此结构，所以此设计方案一般也较少使用。

第二种形式：当驱动装置设在井道上部时，允许以货厢顶部作为检修平台，并在适合检修位置设置机械装置，以防止人员在货厢顶部检修时货厢向下运行或坠落。该机械装置应设置有效的电气联锁装置，使其能在作用时切断简易升降机的电气安全回路。由于无专用机房，且顶部空间受限，为了符合相关要求，此设计方案常被使用。但此结构型式也存在一定的安全隐患，如一旦驱动装置发生故障导致货厢无法移动到指定位置作为检修平台时，需要另外搭建临时的检修平台才能维修设备，将给后续的工作带来麻烦和一定的安全隐患。

第三种形式：当井道顶部装设有专用的检修平台时，应设置检修门，并符合以下要求：

1) 检修门应是无孔的，其机械强度不应低于层门。

2) 检修门不得向井道内部方向开启。

3）检修门应装有一个用钥匙开启的锁。当检修门开启后，不用钥匙也能将其关闭并锁住；即使在锁住情况下，也应能不使用钥匙从井道内部将门打开。

4）检修门应装有一个电气联锁装置，以确保简易升降机只有在所有的检修门关闭时才能起动，电气联锁装置应采用相关规定的安全触点形式。

5）检修平台应设置必要的护栏。

二、井道

井道是简易升降机货厢、对重（或平衡重）和液压缸柱塞安全运行所需的建筑空间，由井道顶、井道壁和底坑底围成。井道应是简易升降机专用的，井道内不得装设与简易升降机无关的设施。

井道的顶一般是机房的地板或者建筑物的顶板，驱动装置的承重梁一般支撑在井道壁上端；井道壁上还要安装导轨和层门门套，底坑底部要安装缓冲装置和支撑导轨。所以，井道结构应至少能承受简易升降机运行时驱动装置施加的载荷、停层保护装置动作产生的载荷、下行超速保护装置动作时通过导轨施加的载荷和缓冲器动作时施加的载荷，以及货厢装卸载产生的载荷。

（一）井道壁的结构和开口要求

井道应采用坚固的非易燃材料建造，这种材料本身不应助长灰尘的产生；为了承受各种载荷力应具有足够的强度，一般用钢筋混凝土整体浇灌和钢筋混凝土框架加砖填充，也有用钢结构的。由于井道内结构的安装大都采用膨胀螺栓或穿墙螺栓，所以对井道壁的质量要求比较高。为了保证简易升降机的安全运行，井道壁的机械强度应达到：用一个 300N 的力，垂直作用在井道壁任一面的任何位置上，且均匀分布在 $5cm^2$ 的圆形或方形面积上，井道壁应无永久变形或弹性变形不大于 15mm。

在建筑物中，要求井道有助于防止火焰蔓延，因此井道应由无孔的墙、底板和顶板完全封闭起来，只允许留有必要的功能性开口，如层门开口，检修门、活板门开口，火灾情况下气体和烟雾的排气孔，以及井道和机房之间必要的功能性开口等。其中，检修门、活板门均不得向井道的内部方向开启，且应装有一个用钥匙开启的锁。当检修门和活板门开启后，不用钥匙也能将其关闭并锁住；检修门即使在锁住情况下，也应能不使用钥匙从井道内部将门打开。所有的检修门、活板门均应装设一个电气联锁装置，以确保简易升降机只有在所有的检修门、活板门均关闭时才能起动。检修门和活板门应是无孔的，其机械强度不应低于层门。检修门如图 2-3 所示。

（二）井道的顶部空间

井道的顶部空间是为保障简易升降机的运行安全和保护在货厢顶工作的维修人员，而在井道上部保留的一个安全空间。在简易升降机发生故障或货厢运行失控到极限位置时，不会发生货厢或对重与井道顶相撞或脱出导轨，以及给货厢顶作业人

a) 检修门门扇及电气开关   b) 检修门开锁装置

图 2-3 检修门

员留有藏身空间。

1. 曳引式简易升降机

对曳引式简易升降机,当对重完全压在其缓冲器上时,此时井道的顶部空间应同时满足以下四个条件:

1) 货厢导向装置长度应能提供不小于 0.1m 的进一步制导行程。

2) 货厢顶部站人平面与井道顶的对应位置之间的距离不应小于 1.0m。

3) 井道顶的最低部件与固定在货厢顶的设备的最高部件之间的自由垂直距离不应小于 0.1m。

4) 货厢上方应有足够的空间,该空间的大小以能容纳一个 0.5m × 0.6m × 0.8m 的长方体为准,任一平面朝下放置即可。

当货厢完全压在其缓冲器上时,对重导向装置长度应能提供不小于 0.1m 的进一步制导行程。

2. 强制式简易升降机

对强制式简易升降机,当货厢位于上极限位置时,此时井道的顶部空间也应同时满足上述四个条件。

当货厢完全压在其缓冲器上时,平衡重(如有)导向装置长度应能提供不小于 0.1m 的进一步制导行程。

3. 直接作用液压式简易升降机

对直接作用液压式简易升降机,当柱塞伸出到达极限位置时,此时井道的顶部空间也应同时满足上述四个条件。

4. 齿轮齿条式简易升降机

对齿轮齿条式简易升降机,当货厢位于上极限位置时,此时井道的顶部空间也应同时满足上述四个条件。

当货厢完全压在其缓冲器上时,平衡重(如有)导向装置长度应能提供不小于 0.1m 的进一步制导行程。

（三）井道底坑设施及空间

1. 底坑的基本要求

底坑是井道位于最底层站地坎以下的部分，且底坑应保持清洁。除了缓冲器和导向装置的底座及排水装置外，底坑的底部应光滑平整，不得渗水。排水装置应采取防止水倒流底坑的措施。由于导轨和缓冲器都支撑在底坑的地面，当安全钳和缓冲器动作时，地面将能承受它们的垂直作用力。对于底坑下方有人可以进入的空间，井道底坑的底面至少应按 $5000\mathrm{N/m^2}$ 载荷设计外，还应将对重（平衡重）缓冲器设计安装于一直延伸到坚固地面上的实心桩墩上，或对重（或平衡重）上装设下行超速保护装置。底坑内相关设施与装置应符合以下要求。

1）底坑内应设置停止装置，该装置在打开层门去底坑时和在底坑地面上均容易接近。

2）应设置固定照明装置及其开关，以及独立的电源插座。

3）当底坑深度不小于 1.2m 时，还应设置不凸入简易升降机运行空间的固定爬梯。

底坑设施与装置的设置如图 2-4 所示。

a) 固定照明及开关、电源插座和停止装置　　　　b) 固定爬梯

图 2-4　底坑设施与装置的设置

底坑深度建议至少保持 1.2m，以保证有足够的安全间距和安全空间（直接作用液压式简易升降机除外）。

2. 底坑空间

底坑内应有足够的安全距离和安全空间。当货厢完全压在其缓冲器上或直接作用液压式简易升降机的柱塞缩回到达最低位置时，为了给正在底坑中工作的人员提供必要的空间保护，货厢底部最低部件与底坑垂直对应位置之间的距离不小于 0.1m；底坑中应具有足够的空间，该空间的大小以能容纳一个不小于 $0.5\mathrm{m} \times 0.6\mathrm{m} \times 1.0\mathrm{m}$ 的长方体（任一平面朝下放置即可）为准。当底坑空间无法容纳该长方体时，简易升降机应设置机械装置，以防止人员在底坑时货厢向下运行或坠落；

该机械装置应设置有效的电气联锁装置，使其能在作用时切断简易升降机的电气安全回路，对于平整的底坑空间，当能满足货厢底部最底部件与底坑垂直对应位置之间的距离不小于 0.1m 的要求时，即能基本满足安全空间的要求。

第二节　简易升降机的运行机构

简易升降机的运行机构是其工作的核心，主要由驱动装置、悬挂装置、导向装置及其他相关附属装置组成，通过各机构的相互连接和配合，使其有效运转，保证设备的安全运行。

一、驱动装置

简易升降机可采用电力驱动和液压驱动两种方式，而电力驱动主要以电动葫芦或卷扬机为起升机构的强制式和以曳引机为驱动装置的曳引式为主要结构。每台简易升降机至少应有一套专用的驱动装置，且驱动装置应固定可靠，其承重结构应有足够的强度。目前使用较广泛的是以钢丝绳电动葫芦为起升机构的强制驱动，较少使用的是以卷扬机为起升机构的强制式和液压驱动的简易升降机。驱动装置的形式如图 2-5 所示。

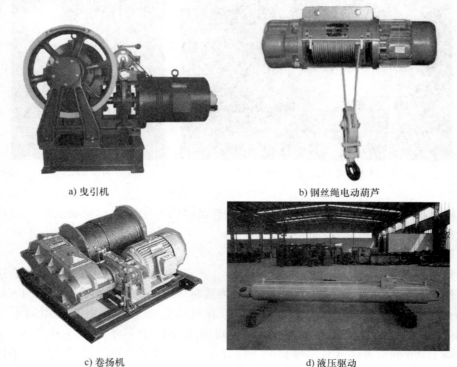

a) 曳引机　　　　　　　　　　　　　b) 钢丝绳电动葫芦

c) 卷扬机　　　　　　　　　　　　　d) 液压驱动

图 2-5　驱动装置的形式

（一）电力驱动方式

简易升降机的驱动装置承载着设备各工况下所受的力。对于电力驱动的简易升降机，应设有制动系统，且切断电动机和制动器的电流至少应由两个独立的电气装置实现（见图2-6）。如果采用传动带将单台或多台电动机连接到带有制动器的组件上，则最少使用两根传动带；如果使用悬臂式曳引轮或链轮时，应采用有效的预防措施，并且此措施不应妨碍对曳引轮或链轮的检查和维修（见图2-7）。预防措施应符合以下要求：

图2-6　主接触器连接方式

1）避免钢丝绳脱离绳槽或链条脱离链轮。

2）当驱动装置不装设在井道上部时，应避免杂物进入绳与绳槽之间（或链条与链轮之间）。

对两个独立的电气装置；要防止因其中某个电气装置的触点粘连故障而发生意外事故；对于两个或两个以上的电气装置同时发生触点粘连故障不予考虑。当悬臂式曳引轮或链轮的钢丝绳意外跳槽时，易发生钢丝绳全部或部分无支承点引发曳引力不足，导致货厢冲顶或蹲底事故的发生，所以必须设置相关的预防措施。

图2-7　曳引轮相关防护装置

电力驱动简易升降机的制动系统应具有一个机–电式的制动器（摩擦型），如图2-8所示。在下列情况时应能自动制动：

1）动力电源失电。

2）控制电路电源失电。

其中，简易升降机的制动器应符合以下要求：

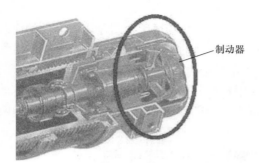

制动器

a) 电动葫芦制动器

b) 卷扬机制动器

c) 曳引机制动器

d) 制动器闸瓦

图 2-8 电力驱动简易升降机的制动系统

1）当货厢装有 125% 额定起重量并以额定速度下行时，操作制动器应能使驱动主机停止运转。

2）被制动部件应以机械方式与曳引轮（卷筒或链轮）直接刚性连接。

3）制动器应为常闭式。正常运行时，制动器应在持续通电下保持在释放状态。

4）当简易升降机电动机的供电电源断电时，不应因接地、故障短路或剩磁使制动器松开。

5）对装有手动紧急操作装置的驱动主机，当用手松开制动器时，需以一持续力去保持其松开状态。

6）制动器零件的报废应符合 GB 6067.1—2010 中 4.2.6.7 的规定，即：

① 驱动装置：

a）磁铁线圈或电动机绕组烧损。

b）推动器推力达不到松闸要求或无推力。

② 制动弹簧：

a）弹簧出现塑性变形且变形量达到了弹簧工作变形量的 10% 以上。

b）弹簧表面出现 20% 以上的锈蚀或有裂纹等缺陷的明显损伤。

③ 传动构件：

a）构件出现影响性能的严重变形。

b）主要摆动铰点出现严重磨损，并且磨损导致制动器驱动行程损失达原驱动行程20%以上时。

④ 制动衬垫：

a）铆接或组装式制动衬垫的磨损量达到衬垫原始厚度的50%。

b）带钢背的卡装式制动衬垫的磨损量达到衬垫原始厚度的2/3。

c）制动衬垫表面出现炭化或剥脱面积达到衬垫面积的30%。

d）制动衬垫表面出现裂纹或严重的龟裂现象。

⑤ 制动轮出现下述情况之一时，应报废：

a）影响性能的表面裂纹等缺陷。

b）起升、变幅机构的制动轮，制动面厚度磨损达原厚度的40%。

c）其他机构的制动轮，制动面厚度磨损达原厚度的50%。

d）轮面凹凸不平度达1.5mm时，如能修理，修复后制动面厚度符合上述的要求。

对于上述制动器的相关保养、修理，应由专业人员按照制造厂家提供使用和维护保养说明的要求进行操作。严禁在制动器附近添加液态润滑油，以免润滑油飞溅到制动轮上，导致制动力矩不足而引发安全事故。

（二）液压驱动方式

液压驱动简易升降机一般采用直接顶升式。当底坑空间受限时，间接顶升式的液压简易升降机也是一种发展趋势，如图2-9所示。

液压泵站的控制应符合以下要求：

1）对于向上运行的情况，电动机的电源由两个独立的接触器切断，接触器的主触点直接串联于电动机的供电电路中。

图2-9　间接顶升式液压简易升降机

2）对于向下运行的情况，下降阀的供电由两个独立的接触器切断，接触器的主触点直接串联于下降阀的供电电路中。

（三）驱动装置的固定

驱动装置是简易升降机的关键部件，它的安装质量和精度直接关系着简易升降机的运行性能和安全状况。一般驱动装置的固定方式采用座式（见图2-10和图2-11）和悬挂式（见图2-12）两种结构。

图 2-10　强制驱动主机（座式）

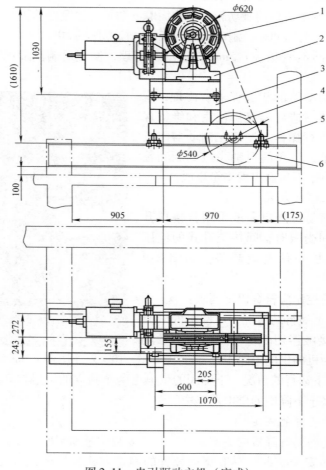

图 2-11　曳引驱动主机（座式）

1—曳引轮　2—曳引机　3—机架　4—导向轮　5—减振橡胶垫　6—承重钢梁

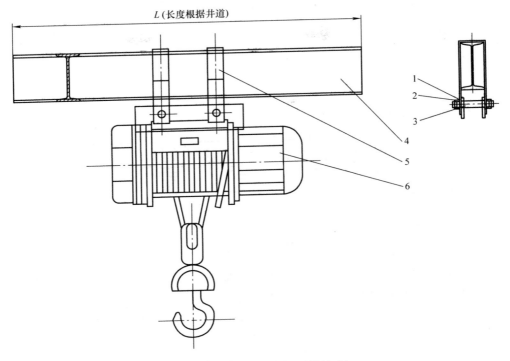

图 2-12　强制驱动主机（悬挂式）

1—垫片　2—螺母　3—螺栓　4—承重工字钢梁　5—挂板　6—钢丝绳电动葫芦

承重钢梁是驱动主机与建筑物间传递力的桥梁，所以承重钢梁必须牢固地架设在混凝土承重梁或承重墙上，一般埋入承重墙内的支撑深度应超过墙中心 20mm 以上，且不应小于 75mm。应在承重梁或承重墙预留孔洞的适当位置垫实钢板，然后把承重钢梁架设在钢板上，校正后焊接在钢板上，并在其两端用角钢焊接固定在一起。承重钢梁应能承受简易升降机各工况所能承受的载荷，且不应发生永久变形。

二、悬挂装置

悬挂装置是简易升降机的主要零部件，曳引式简易升降机和强制式简易升降机的货厢和对重（或平衡重）应采用钢丝绳、钢质链条悬挂。

（一）悬挂装置的基本要求

悬挂钢丝绳的公称直径不应小于 8mm，钢丝绳的特性应符合相关要求（GB 6067.1—2010 中 4.2.1.5），即钢丝绳端部的固定和连接应符合以下要求。

1）用绳夹连接时，应满足表 2-1 的要求，同时应保证连接强度不小于钢丝绳最小破断拉力的 85%。

表 2-1　钢丝绳夹连接时的安全要求（见图 2-13）

钢丝绳公称直径/mm	≤19	19～32	32～38	38～44	44～60
钢丝绳夹最少数量/组	3	4	5	6	7

注：钢丝绳夹夹座应在受力绳头一边；每两个钢丝绳夹的间距不应小于钢丝绳直径的 6 倍。

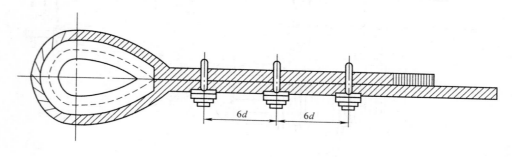

图 2-13　绳夹固定方式

2）用编结连接时，编结长度应大于钢丝绳直径的 15 倍，并且不小于 300mm。连接强度不应小于钢丝绳最小破断拉力的 75%。

3）用楔块、楔套连接时，楔套应用钢材制造。连接强度不应小于钢丝绳最小破断拉力的 75%。

4）用锥形套浇铸法连接时，连接强度应达到钢丝绳的最小破断拉力。

5）用铝合金套压缩法连接时，连接强度应达到钢丝绳最小破断拉力 90%。

钢丝绳卷绕装置的直径与钢丝绳公称直径之比应满足以下条件：

1）对于曳引驱动方式，曳引轮、导向轮（或滑轮）的节圆直径与钢丝绳公称直径之比不应小于 30。

2）对于强制驱动方式，卷筒的节圆直径与钢丝绳公称直径之比不应小于 14；滑轮的节圆直径与钢丝绳公称直径之比不应小于 16。其中，平衡滑轮的节圆直径与钢丝绳公称直径之比不应小于 12.5。

悬挂货厢和对重（或平衡重）装置的钢丝绳或链条的安全系数不应小于 8。

钢丝绳末端应固定在货厢、对重、平衡重或系结钢丝绳固定部件的悬挂部位上。电动葫芦上的钢丝绳压板不得少于三块，钢丝绳和端接装置的结合处至少应能承受钢丝绳最小破断负荷的 80%。不得使用编织接长的钢丝绳。常用绳端的固定方式如图 2-14 所示。

每根链条的端部应用合适的端接装置固定在货厢、对重或系结链条固定部件的悬挂部位上，链条和端接装置的结合处至少应能承受链条最小破断负荷的 80%。

钢丝绳的保养、维护、安装、检验及报废应符合 GB 5972 相关规定。链条的报废应符合相关规定（GB 6067.1—2010 中 4.2.3）。由于曳引轮节圆直径与钢丝绳公称直径之比比强制式大得多，钢丝绳不易在导向或反向过程中产生较大的拉力

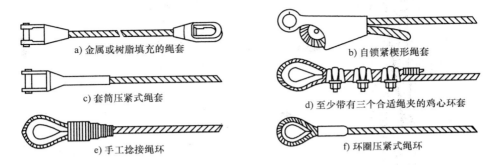

a) 金属或树脂填充的绳套

b) 自锁紧楔形绳套

c) 套筒压紧式绳套

d) 至少带有三个合适绳夹的鸡心环套

e) 手工捻接绳环

f) 环圈压紧式绳环

图 2-14　常用绳端的固定方式

差。在实际使用过程中，强制式简易升降机的钢丝绳较容易发生断丝或磨损，一般在一个检验周期内都要更换新的钢丝绳。所以在日常维护保养过程中，应对钢丝绳的磨损或断丝程度加强检查，防止因疏忽而导致钢丝绳在运行过程中断裂，进而发生坠落事故。

（二）曳引式简易升降机的曳引条件

曳引式简易升降机依靠曳引轮与钢丝绳之间的摩擦力来带动货厢的运行，曳引力的大小关系到简易升降机的安全运行。曳引式简易升降机的曳引条件应符合以下要求：

1）当对重压在缓冲器上而曳引机按上行方向旋转时，应不可能提升空载货厢。

2）在简易升降机行程上部范围内，货厢空载上行及行程下部范围内货厢载有125%额定载荷下行，切断电动机与制动器供电，货厢应被可靠制停。

满足曳引条件的前提是整机的平衡系数在0.4～0.5范围内。影响曳引能力的因素大致有以下几个方面：

1）整机的平衡系数。

2）曳引轮绳槽的结构。

3）曳引轮绳槽表面材质。

4）钢丝绳表面材质。

5）钢丝绳两端的拉力。

6）其他（如钢丝绳有油污、曳引轮绳槽有油污等）。

在使用过程中，为了使曳引式简易升降机能正常安全运行，一旦曳引能力被破坏，应及时请专业人员立即纠正，防止发生溜梯事故。

（三）强制式简易升降机的钢丝绳卷绕

对于强制式简易升降机，为防止钢丝绳能有效卷绕和安全运行，钢丝绳卷绕应符合以下要求：

1）卷筒上应加工出螺旋槽，且该槽应与所用钢丝绳相适应。

2）当货厢停在完全压缩的缓冲器上时，卷筒的绳槽中至少保留三圈钢丝绳。

3）卷筒上只能绕一层钢丝绳。

4）电动葫芦应设有导绳装置，以保证钢丝绳在卷筒上的排绳不絮乱。

5）钢丝绳相对于绳槽的偏角（放绳角）不应大于4°。

在施工过程中，电动葫芦安装位置尤为重要。如果未按施工要求进行安装，在使用时钢丝绳容易发生斜拉，导致钢丝绳摩擦导绳器和吊钩上滑轮的保护罩，使钢丝绳一直处于严重磨损状态，影响了钢丝绳的使用寿命，即使通过更换钢丝绳也无法从本质上解决本身存在的安装缺陷。制造单位设计时，一般将电动葫芦升至顶层平层位置，吊钩的垂直吊点处于货厢的吊点处，该安装方式可有效避免钢丝绳发生斜拉或与其他部件发生严重摩擦的现象。

（四）悬挂装置的其他要求

当采用多根钢丝绳或链条时，至少在悬挂钢丝绳或链条的一端应设有一个调节装置，用来平衡各绳或链的张力，如图2-15所示。如果用弹簧来平衡张力，则弹簧应在压缩状态下工作，且调节钢丝绳或链条长度后，在工作时不应松动。如果货厢悬挂在两根钢丝绳或链条上，则应设置一个电气联锁装置，该装置应采用符合相关要求的安全触点形式。如当一根钢丝绳或链条发生异常相对伸长时，简易升降机应停止运行。

图 2-15　绳端调节装置

通过该装置调节张力的均匀很重要。如果在使用过程中，钢丝绳张力一直处于不均匀状态，将导致曳引力不均匀而引起钢丝绳磨损不均匀，进而引起部件寿命缩短、设备运行不平稳等事件发生。

三、导向装置

简易升降机是服务于厂房车间内若干特定的楼层，其货厢运行在至少两列垂直于水平面或沿垂直方向倾斜角小于15°的刚性导向装置上的永久运输设备。货厢和对重（或平衡重）应由各自的刚性导向装置导向。

（一）导向系统的工作

导轨是供货厢和对重（或平衡重）运行的导向部件。当货厢和对重（或平衡重）在曳引绳的拖动下，沿导轨做上下运行时，导向系统将货厢和对重（或平衡重）限制在导轨之间，不会出现在水平方向前后左右摆动的现象。导轨的功能并不是用来支撑货厢或对重（平衡重）的质量，而是对货厢和对重（或平衡重）的运行起导向作用，防止其水平方向摆动，并且作为下行超速保护装置动作的支撑件。导向装置及其附件和接头应有足够的强度，能承受下行超速保护装置动作时所产生的力和由于货厢不均匀载荷引起的挠曲。此挠曲应予以限制，不得影响简易升降机的正常工作。

导靴是设置在货厢架和对重（或平衡重）装置上，使货厢和对重（或平衡重）装置沿导轨运行的导向装置。固定在货厢和对重（或平衡重）上的导靴随着简易升降机沿着导轨上下往复运动，防止货厢和对重（或平衡重）在运行过程中偏斜或摆动。当货厢蹲底或冲顶时，导靴也不应越出导轨。

油杯是提供导向装置润滑的一个重要部件。润滑的缺失将直接影响简易升降机的运行质量，加快易损件的磨损和加大驱动主机的功耗。

导轨支架是固定在井道壁或横梁上，支撑和固定导轨用的构件。导轨用导轨压板固定在导轨支架上，导轨支架作为导轨的支撑件被固定在井道壁上。导轨与导轨支架不应采用焊接或螺栓直接连接，每段导轨至少应有两个固定的支架，其间距不大于 2.5m。当最上端导向装置的长度无法满足两个支架的安装要求时，允许只装设一个支架，但其弯曲强度应满足设计要求。货厢导向装置的下端应支撑在坚实的地面上。导轨、导靴和导轨支架的组合使货厢和对重（或平衡重）只能沿着导轨做上下运行，运行中不应产生自由晃动。

（二）导轨

导轨由钢轨和连接板构成。导轨按截面形状可分为 T 形导轨、空心导轨和 L 形导轨，如图 2-16 所示。它们有不同的用途：

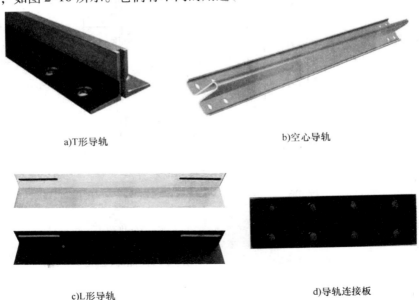

a)T形导轨　　　　　　　　　　　　　b)空心导轨

c)L形导轨　　　　　　　　　　　　　d)导轨连接板

图 2-16　导轨

1）T形导轨是由钢冷拔成形，或由导轨型材经机械加工而成实心T形导轨。T形导轨具有精度高、直线度高、表面粗糙度好、刚性强及受力性能好等特点，主要用于电梯轿厢导轨、简易升降机货厢导轨、有安全钳的对重（或平衡重）导轨和高速电梯的对重导轨。

2）空心导轨是由钢板冷轧折弯成空腹T形的导轨，其精度和生产成本较低，有一定的刚度，但由于是用钢板折弯且成空心形状，空心导轨不能承受安全钳动作时的挤压，多用于对重（或平衡重）导轨或货厢铺轨。

3）L形导轨一般采用热轧角钢型材制成，成本低廉，强度、刚度及表面精度较低，且表面粗糙，因此只能用于无安全钳的杂物电梯和对重（或平衡重）导轨上。

两列导轨的接头一般不能在同一水平面上，须错开一定的距离。两导轨之间的连接依靠导轨连接板紧固而成（见图2-16d）。一般标准导轨的长度为5m，导轨端部要加工成凹凸插榫的形状，并在底部用连接板固定。导向装置工作面的接头处应平整光滑，接头台阶不大于0.5mm，两导向装置顶面间的距离偏差不应大于3mm。两列导轨的连接如图2-17所示。

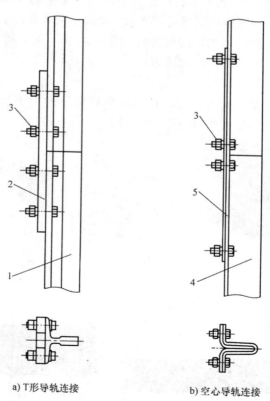

a) T形导轨连接   b) 空心导轨连接

图2-17 导轨连接

1—T形导轨　2—T形导轨连接板　3—紧固件　4—空心导轨　5—空心导轨连接板

（三）导靴

导靴是装在货厢架和（或）对重（或平衡重）装置上，其靴衬在导轨上滑动，是使货厢和（或）对重（或平衡重）装置沿导轨运行的装置。货厢导靴安装在货厢架上梁和货厢底部安全钳座下面，对重（或平衡重）导靴安装在对重（或平衡重）架的四个角，一般货厢与对重各有两对导靴。常用的导靴有固定滑动导靴、弹性滑动导靴和滚动导靴三种形式。货厢或者对重（或平衡重）运行时，滑动导靴与导轨之间是滑动摩擦，必须加润滑油，防止导靴过度磨损。但滚动导靴与导轨之间是滚动摩擦，禁止加润滑油，防止导靴与导轨之间打滑，且滚动导靴表面是橡胶，接触油污易老化。

简易升降机一般选用固定滑动导靴，如图2-18所示，它由靴衬和靴座组成。靴衬常用尼龙浇铸成形，因为这种材料耐磨性和减振性较好；靴座有铸铁浇铸或钢板焊接成形。对重（或平衡重）导靴一般为专用的固定滑动导靴，其靴座用角钢制造。固定滑动导靴结构简单，成本低，常用于简易升降机、载货电梯和杂物电梯。

a) 固定滑动导靴(货厢)　　　　b) 固定滑动导靴(对重)

图2-18　滑动导靴

一般固定滑动导靴的靴衬两侧卡在导轨上滑动。由于固定滑动导靴的靴座是固定的，因此靴衬底部与导轨端面间要留有均匀的间隙，而导向装置顶面与导靴（或导轮）工作面之间的水平间隙不应大于5mm。当无法测量导靴磨损情况时，可以通过货物装载货厢前后左右的晃动幅度来大致判断导靴的磨损情况，或请专业人员实际查看并测量导靴工作面与导轨工作面的水平间隙，并根据实际使用状况来判断是否需要更换相应的易损件。

（四）油杯

油杯（见图2-19）一般固定在导靴上部，油杯与导靴的安装如图2-20所示。其油杯口上棉线与导轨有效接合，在导轨上滑动，通过简易升降机上下运行，油杯中的导轨油顺着棉线均匀地涂在导轨运行表面上，降低导轨与导靴的摩擦因数，从而减小它们之间的摩擦力，降低驱动主机的功耗。定期保养时，应注意油杯内的油量和牌号的润滑油，根据不同的季节和作业环境加注不同的油量和牌号的润滑油。

图 2-19　油杯

（五）导轨支架

货厢导轨起始段绝大多数情况下都是支撑在底坑底板上。每根导轨的长度一般为 5m，在井道中每隔一定距离就有一个固定点，导轨固定于设置在井道壁固定点上的导轨支架上。在井道中，两个支架之间的距离除另有计算依据外，其间距不大于 2.5m。导轨支架的作用是支撑导轨，导轨安装的好与坏，直接影响到货厢的运行质量。

导轨支架一般由角钢制成或钢板折弯而成，其自身连接有焊接、螺栓连接或组合连接等方式。在布设导轨支架时，应同时考虑导轨的连接位置，避免导轨支架与导轨连接处的连接板发生干涉。导轨支架在建筑物上的固定一般有以下几种方式，如图 2-21 所示。

1）预埋式（见图 2-21a）：在井道内按照一定的间距直接预埋导轨支架，安装导轨时直接利用这些已经预埋完毕的导轨支架即可。这种方式安装方便，但调整范围小，需要土建配合的程度较高，一般很少使用。

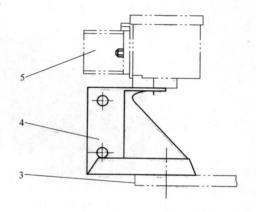

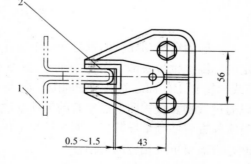

图 2-20　油杯与导靴的安装

1—导轨　2—靴衬　3—导靴固定座
4—导靴　5—油杯

2）焊接式（见图2-21b）：这种方式常用于井道为钢架结构，导轨支架直接焊接在构成井道的钢架上即可。在其他种类的井道中也有采用，这就要求在建筑井道时根据简易升降机的设计要求，在井道中按照一定间距设置预埋件。在安装导轨时，支架直接焊接在这些预埋件上。这种方式工艺简单、安全可靠，但预埋件的位置是固定的，无法进行加大的调整。同时在焊接操作时，由于高空作业且空间受限，焊接操作也很不便，同时对焊接质量要求较高。对于后加的钢结构井道，支架常采用这种方式。

3）膨胀螺栓固定式（见图2-21c）：这是目前应用较广泛的导轨支架安装方式。它不需要任何预埋件，即在安装导轨支架时直接在井道壁上所需要的位置打孔并设置膨胀螺栓。这样，导轨支架在井道壁上的安装位置可以非常灵活，同时也可以简化安装过程，但膨胀螺栓要求使用在混凝土结构的井道壁上，且钻孔直径应与膨胀螺栓相匹配。

4）穿墙螺栓固定式（见图2-21d）：与膨胀螺栓连接方式基本相同。当井道壁圈梁间距设置不符合要求，或只有砖墙结构时，将井道壁打穿，设置穿墙螺栓，该安装方式只能用于实心墙体（泡沫砖除外）。但这种连接方式在使用过程中因墙体松动或下陷，容易使导轨支架产生偏差和松动，甚至因为穿墙螺栓背面金属件与螺栓连接处断裂而存在一定的安全隐患。

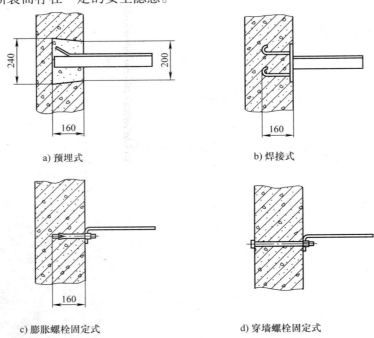

a) 预埋式

b) 焊接式

c) 膨胀螺栓固定式

d) 穿墙螺栓固定式

图 2-21 导轨支架的固定方式

（六）导轨的固定

导轨与导轨支架之间的连接一般采用导轨压板将导轨压紧在导轨支架上，如图 2-22 所示。导轨与导轨支架禁止直接进行焊接，或直接用螺栓连接。

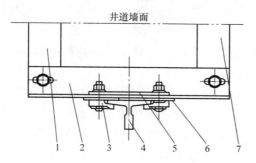
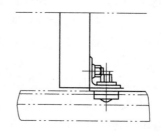

图 2-22 导轨与导轨支架之间的连接

1—左直挡 2—横挡 3—压板 4—导轨 5、6—垫片 7—右直挡

对导轨进行固定时，导轨与导轨支架之间的连接应易于调整，对因建筑物的正常沉降和混凝土收缩的影响，也能及时以予调整。为了避免压板压紧导轨后脱出或在水平方向上发生位移，导轨支架上固定导轨压板的孔不宜做成水平或垂直方向上的长孔，而应做成圆孔或采用45°的斜长孔。

四、液压装置

液压装置是液压式简易升降机的驱动装置，它一般由液压泵站、液压油箱、液压缸、液压管道及管件组成。液压装置的设计应保证在规定的运转条件下，其油温不超过规定值，应有防止空气混入系统的措施，还应设有过滤器。

（一）液压油箱

液压油箱在液压系统中的功能是储存油液、散发油液中的热量、沉淀污物并逸出油液中的气体，如图 2-23 所示。

油箱应安装密封顶盖，顶盖上部应设有带过滤装置的注油器。对带有空滤器的通气孔，其通气能力应满足流量的要求。油箱内壁应经除锈处理，并喷敷耐油除锈涂料。还应设有显示最高和最低油位的液位计，油箱的油液容量应能满足液压式简易升降机正常运行的要求。

（二）液压泵站

液压泵站是设置液压泵、相关附属系统

图 2-23 液压油箱

及控制系统的场所，它是液压系统的动力源。液压泵站应设有过载保护，安全阀的调定压力不应超过额定工作载荷时压力的120%。液压泵站还应设有压力指示，如图2-24所示。压力表的量程不应小于额定工作载荷时压力的150%。

液压泵是依靠密封容积变化的原理来进行工作的，故一般称为容积式液压泵。容积式液压泵工作的基本条件是：结构上能够实现具有密封性的工作腔；工作腔能够周而复始地增大和减少，增大时与吸油口相连，减少时与排油口相连；吸油口和排油口不能连通。

（三）液压缸

图2-24　压力表

液压缸是液压传动系统的执行元件。简易升降机中使用的液压缸多采用单作用柱塞液压缸。液压缸一般由缸筒和缸盖、活塞和活塞杆（或柱塞）、密封装置，以及缓冲装置和排气装置五部分组成。液压缸应具有足够的强度和稳定性。液压缸的设计长度，其上、下端应有一定的余量，以保证限位和极限开关能可靠动作，全伸时应具有自身限位装置。液压缸的上部应设置排气装置，对于柱塞滑动面正常渗出的油液，应设置收集装置，沉入地下的液压缸部分应有防腐措施。

（四）液压管道及管件

液压系统之间应由管道及管件进行有效连接。管道连接应采用焊接、焊接法兰或螺纹管接头，不得采用压紧装配或扩口装配。系统管路中的刚性管道应采用具有足够壁厚的无缝钢管。用于液压缸和单向阀或下行阀之间的高压胶管，相对于爆破压力的安全系数不应小于8，软管（见图2-25）上应永久性标注制造厂名或商标、允许弯曲半径、试验压力和试验日期。软管固定时，其弯曲半径不应该小于制造厂注明的弯曲半径。

图2-25　液压管

五、其他主要零部件

运行机构除驱动装置、悬挂装置、导向装置外，还有吊钩、卷筒、滑轮、齿轮和齿条（见图2-26）等主要零部件。

图2-26　齿轮与齿条

吊钩是悬挂装置与货厢之间的主要连接装置，它的材料要求具有较高的强度和塑、韧性，没有突然断裂的危险。目前，吊钩广泛采用低碳钢或低碳合金钢制造而成。因为简易升降机的额定起重量小，所以吊钩一般采用锻造而成；不采用片式吊钩，禁止使用铸造吊钩；锻造吊钩缺陷不得补焊。简易升降机的吊钩一般很少拆卸，且在使用过程不会转动或用于其他活动现场，一般也很少出现吊钩严重磨损或开口过大现象。

卷筒是在起升机构或牵引机构中用来卷绕钢丝绳、传递动力，并把旋转运动变为直线运动的装置。对于电动葫芦，卷筒只能缠绕一层钢丝绳，卷筒表面应切出螺旋槽，以增加钢丝绳的接触面积，保证钢丝绳排列整齐；并防止相邻钢丝绳相互摩擦，从而延长钢丝绳使用寿命。当卷筒存在影响性能的表面缺陷（如裂纹等）或筒壁磨损达原壁厚的20%时应报废。

滑轮是用来改变钢丝绳的运动方向和达到省力的目的，如图2-27所示。也常用作均衡滑轮，以均衡两根钢丝绳的张力。简易升降机的滑轮一般只用作改变钢丝绳的运动方向和达到省力的目的。滑轮支撑在固定的轴心上，大多数采

图2-27　滑轮

用滚动轴承，低速滑轮或均衡滑轮也可用滑动轴承。对于人手可触及的滑轮组，应设置滑轮罩壳。简易升降机的滑轮一般采用铸铁滑轮，为了延长钢丝绳的使用寿命，必须降低钢丝绳经过滑轮时的弯曲应力和挤压应力，因此卷筒和滑轮直径不能过小。一般情况下，简易升降机采用 M3 工作级别电动葫芦，滑轮的直径不应小于16 倍的钢丝绳直径。当滑轮出现下述情况之一时，应报废：

1）影响性能的表面缺陷（如裂纹等）。

2）轮槽不均匀磨损达 3mm。

3）轮槽壁厚磨损达原壁厚的 20%。

4）因磨损使轮槽底部直径减少量达钢丝绳直径的 50%。

第三节　简易升降机的货厢系统

货厢是简易升降机中用以运载货物的箱形装置，它是简易升降机的主要工作组成部分。对于一般操作者而言，可能会简单地认为简易升降机就是货厢，只要货厢坚固完好，就能安全完成货物的运载，也能持久使用。由此也可见货厢的重要性。

一、货厢系统

货厢是简易升降机中装载货物的金属结构件，货厢结构如图 2-28 所示。货厢应是刚性结构，除了货厢门、通风口及必要的检修窗外，货厢其他表面应封闭。货厢不得采用平板、平台等形式。当需要从货厢进入检修平台时，货厢上应设置尺寸不小于 0.5m×0.35m，且装有电气联锁装置的检修窗，如图 2-29 所示。货厢壁、货厢底板和货厢顶，以及货厢结构件均应有足够的机械强度，以承受简易升降机正常运行时，或货厢撞击到缓冲器上时，或下行超速保护装置及停层保护装置等起作用时的载荷。

为防止维修、维护保养及检验过程中作业人员在货厢顶不慎坠落，造成人员伤亡事故的发生，当货厢顶外侧边缘与井道壁的自由距离超过 300mm 时，货厢顶部应设高度不小于 700mm、中间间隔不大于 350mm、下部踢脚板高度不小于 100mm 的护栏，如图 2-30 所示。同时，护栏应固定牢靠且有一定的机械强度，并设置相应的警示标志。

简易升降机的货厢系统与导向系统、门系统是有机结合、共同工作的。货厢系统借助货厢架立柱上、下四个导靴沿着导轨作垂直升降运动，通过门系统对货厢门和层门的开、关，完成货物进出和运输任务，货厢则是实现简易升降机功能的主要载体。因此，货厢至少应装设两对导靴，导靴应固定可靠且便于更换。

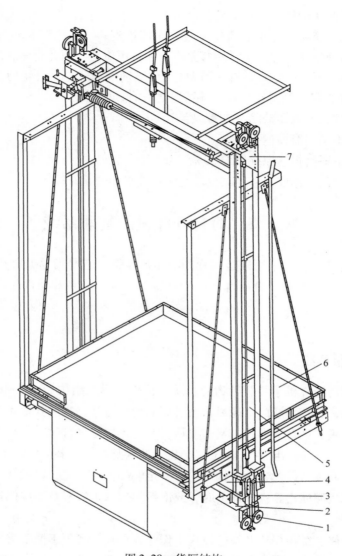

图 2-28　货厢结构

1—导靴　2—托架　3—安全钳　4—下横梁　5—立梁　6—货厢　7—上横梁

二、货厢的有效面积

为了防止装载货物超载，对货厢的有效面积应予以限制。为此，货厢最大有效面积与额定起重量之间的关系应符合表2-2的要求。对于无法明确额定起重量的简易升降机，其额定起重量应按表2-2中货厢最大有效面积所对应的额定起重量确定。

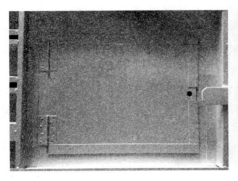

图 2-29 货厢检修窗

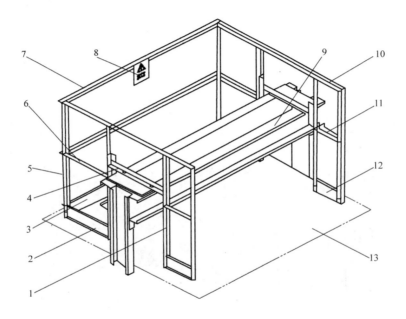

图 2-30 货厢顶护栏安装示意图

1—中竖挡 2—边踢脚板 3—后踢脚板 4—护栏支架 5—边竖挡 6—边横挡 7—后横挡

8—警示标志 9—货厢架上梁 10—长横挡 11—前横挡 12—前踢脚板 13—货厢顶平面

三、货厢入口

货厢入口是操作人员和货物的出入口，易引发挤压和剪切事故，也是简易升降机易发故障的位置。

（一）货厢入口的基本要求

为了方便操作人员装载货物和人员安全进出，货厢净高不应小于1800mm。为了防止操作人员身体及部位遭受挤压，货厢的入口应装设水平滑动的无孔货厢门。货厢门关闭后，门扇之间以及门扇与立柱、门楣和地坎之间的间隙不应大于10mm。为防止操作人员身体遭受剪切的风险，货厢门应设电气联锁装置。在正常操作的情况下，如果有一个货厢门或多个门扇的货厢门中的任何一个门扇开着，则货厢应不能起动或继续运行，且电气联锁装置应符合要求的安全触点形式。货厢地坎上应装护脚板，护脚板垂直高度不应小于300mm，其宽度不应小于相应层站入口的净宽度，如图2-31所示。

表2-2 货厢最大有效面积与额定起重量关系

额定起重量/kg	货厢最大有效面积/m²	额定起重量/kg	货厢最大有效面积/m²
≤200	1.00	1000	3.60
300	1.35	1200	4.20
400	1.76	1500	5.10
500	2.10	1600	5.35
600	2.40	1800	5.82
700	2.70	2000	6.30
800	3.00	2500	7.50
900	3.30	3000	8.70

注：对中间起重量，其面积由线性插入法确定。

图2-31 货厢护脚板

（二）货厢入口的其他要求

当货厢存在对通门结构时，未设层门一侧的相应货厢门在简易升降机停靠层站时若能被开启，则此货厢门地坎、框架或滑动门的最近门口边缘与各相关层站相面对的井道内表面，在层门开锁区域的垂直范围内不应大于0.15m。如果采用在井道内表面设置凸台的方法来满足此要求，则凸台的有效宽度不应小于被防护货厢门的宽度，加上每边各0.10m，且凸台上表面应筑有使人无法站立的封闭坡度（≥60°），并应贴有"危险，严禁站人"的安全警示标志。如果货厢装有机械锁紧装置，且能防止人员从货厢内部打开货厢门，则上述间距不受限制，即通常情况下的手动门简易升降机都有机械锁紧装置，无须考虑上述要求。

货厢门可采用动力驱动和手动两种关闭方式。手动关闭的货厢门应设有机械锁紧装置，以保证运行时不会自动开启。对于动力驱动门，其关闭应在使用人员连续控制和监视下，通过持续揿压按钮或类似方法（持续操作运行控制）来实现，且最快门扇的平均关闭速度不应大于 0.3m/s。对于贯通门的货厢，当简易升降机停靠在层站时，未设层门一侧的相应货厢门不应被自动开启。

第四节　简易升降机的层门系统

简易升降机的层门系统由层门、开关门机构、门锁装置、层门紧急开锁装置及层门自闭装置（在货厢门驱动层门的情况下需设置）等组成。简易升降机门是操作者或货物的出入口，简易升降机的层门系统不仅具有开关门的功能，同时还提供防止相关人员坠落和剪切的保护。只有在所有层门和货厢门关闭时，且层门锁紧后，简易升降机才能运行。

一、层门的结构

层门主要由各自的门扇、门导轨、主门、层门地坎及副门等组成，如图 2-32 所示。

（一）门扇

简易升降机层门应是无孔的，且开启方式应为水平滑动或铰链式，层门可采用由货厢门驱动和手动两种形式，层门净高不应小于 1800mm。

门扇面板的材料一般用厚度为 1~1.5mm 钢板制成，背部设有加强筋。层门门扇和框架应具有足够的机械强度，当层门在其门锁锁住时，用 300N 的力垂直作用于门扇的任一面上的任何位置，且均匀地分布在 5cm² 的圆形或方形面积上时，应满足以下要求：

1）无永久变形。

2）弹性变形不大于 15mm。

3）试验期间和试验后，门的安全性能不受影响。

（二）层门相关间隙的要求

层门关闭时，门扇之间、门扇与门楣或门框之间的间隙不应大于 10mm，如图 2-33 所示。门扇边缘间隙过大，易对使用人员造成夹、挤等危险后果。

每个层门应设有足够强度的地坎，且与货厢入口边缘的间隙不应大于 35mm，如图 2-34 所示。为保证门刀与层门地坎的间隙，以及其他部件间的有效配合，一般地坎间的间隙设置为 30mm±2mm。过小易引起门刀碰擦层门地坎；过大易影响使用者装卸货物的进出。

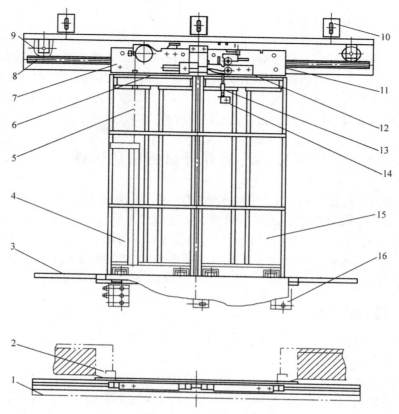

图 2-32 层门的结构

1—货厢门地坎边缘线 2—层门门套 3—层门地坎 4—副门 5—重锤组件 6—副门电气开关
7—副门门挂板 8—门导轨 9—上坎 10—上坎支架 11—主门门挂板 12—层门门锁
13—层门紧急开锁顶杆 14—层门三角锁 15—主门 16—地坎支架

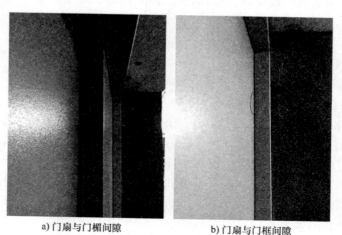

a)门扇与门楣间隙　　　　　　　b)门扇与门框间隙

图 2-33 门扇间隙

在层门的开启方向上，以150N的人力施加在一个最不利的点上，层门的边缘间隙可以大于10mm，但不得大于下列值：①对旁开门，30mm；②对中分门，45mm。

（三）层门的锁紧和闭合要求

为防止发生坠落和剪切事故，层门由门锁锁住，使人在层站外不用开锁装置无法将层门打开。为了保证简易升降机门的可靠闭合和锁紧，必须有相应的电气安全装置对其进行控制性验证。

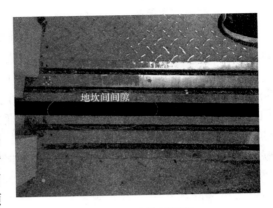

图2-34　地坎间间隙

当简易升降机处于正常工作状态时，简易升降机的各层层门都被门锁锁住，保证了人员不能从层站外部将层门扒开，以防止人员坠落井道。当层门关闭时，层门锁紧装置通过机械连接将层门锁紧；同时为了确认简易升降机层门的关闭和锁紧，在层门门锁触点接通和验证层门门扇闭合的电气安全装置闭合后，简易升降机才能起动。当简易升降机正常运行时，层门一定处于关闭锁紧状态。

门锁（见图2-35）由门锁底座、锁钩、钩挡、开锁门轮和触头组件等组成。锁紧元件及其附件应是耐冲击的，应用金属制造或加固，锁紧元件应用重力或弹簧

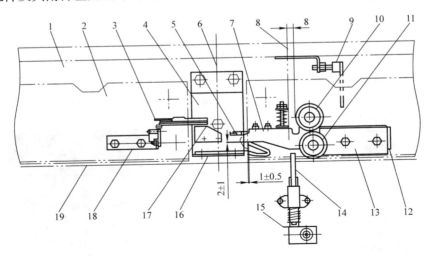

图2-35　门锁的结构组成

1—上坎　2—门挂板　3—副门定触座　4—开关底座　5—门锁动触座　6—层门中心线
7—锁钩　8—开门刀动刀片工作面　9—定位橡胶　10—开锁门轮　11—滚轮　12—门锁垫片
13—门锁底座　14—紧急开锁顶杆　15—层门三角锁　16—钩挡　17—门锁定触头组件
18—副门动触头组件　19—层门顶边缘线

来产生和保持锁紧状态，即使弹簧失效，重力也不应导致开锁。

锁钩的啮合深度十分关键，货厢运动前应将层门有效地锁紧在闭合位置上，且锁紧元件的啮合尺寸不应小于7mm，其锁紧必须由一个电气安全装置来验证。

门锁的电气联锁装置是验证锁紧状态的重要安全装置，要求与机械锁紧元件之间的连接是直接和不会误动作的，而且当两触点熔接在一起也应能断开。现经常使用的是簧片式或插头式电气安全触点，普通的行程开关和微动开关是不符合要求的。除了锁紧状态要有电气联锁装置验证外，货厢门和层门的闭合状态也应有电气联锁装置来验证。每个层门应设电气联锁装置，在正常操作的情况下，如果有一个层门或多扇层门中的任何一扇门开着，则货厢应不能起动或继续运行。每个层门还应设置机械联锁装置，在正常运行时，应不能打开层门（或多扇层门中的任意一扇），除非或者在该层门的开锁区域内停止或停站。开锁区域不应大于层站地平面以上或以下75mm；采用货厢门驱动层门的，该尺寸允许增加到200mm。

层门门扇之间若是用钢丝绳、传动带、链条等传动的称为间接机械传动，则允许只锁紧一扇门，其条件是这个门扇的单一锁紧能防止其他门扇的打开，且这些门扇均未装设手柄，或未被锁住的其他门扇的闭合位置应由一个安全触点式电气装置来验证。

当门扇之间的传动是由刚性连杆传动的称为直接机械传动，则允许在一个门扇上装设电气联锁装置；若只锁紧一扇门，则应采用钩住重叠式门的其他闭合门扇的方式，使如此单一门扇的锁紧能防止其他门扇的打开。

二、层门的紧急开锁和强迫关门装置

为了在施工、检修、救援等特定情况下能从层站外打开层门，各层门上均应设自动复位的紧急开锁装置，相关人员可用专用的三角钥匙从层门的锁孔位置，通过门后的装置将门锁打开，如图2-36所示。在无开锁动作时，开锁装置应自动复位，不能仍保持开锁状态。

a) 三角钥匙　　　　　b) 紧急开锁钥匙孔　　　　c) 顶杆

图2-36　紧急开锁装置

在货厢门驱动层门的情况下，当货厢在开锁区域之外、层门无论因为何种原因而打开时，应有一种装置（如重锤或弹簧）能确保该层门自动关闭。一般采用重锤的重力，通过钢丝绳、滑轮将门关闭；而采用弹簧的一般通过弹簧的拉力直接来实施关门。

三、层门的导向

简易升降机的层门应有良好的导向。导向装置应能防止层门在正常运行中脱轨、机械卡阻或行程终端时错位等情况的发生，所以要求导向装置在层门正常运行的整个过程中都应提供顺畅、有效的导向，如图 2-37 所示。

图 2-37　层门导向装置

当因磨损、锈蚀或火灾原因可能造成导向装置失效时，则应设有应急的导向装置使层门保持在原有位置上；但如果磨损、锈蚀或火灾原因不会造成导向装置失效，那么就不需要应急导向，此时需要通过现场实物分析或相关型式试验报告的验证才能确认是否符合要求。例如，火灾通常会使非金属的导向材料失效，如果有金属衬片能使门保持在原有位置上，则不需额外设置应急导向装置。

四、层站按钮及标志

简易升降机各层站应设置楼层召唤按钮，如图 2-38 所示。楼层召唤按钮只允许在所有层门和货厢门关闭之后起作用，且各层站应设置符合要求的停止装置。当停止装置动作后，简易升降机应无法起动或继续运行。对于动力驱动门，当停止装置动作后，简易升降机应无法开、关门。在使用过程中，应合理使用停止装置，防止误动作；在紧急情况下，应立即使用停止装置。各层站还应设置信号标志，指示货厢所处层站位置及运行状态。

在每一层站的明显部位应设置严禁载人运行的警示标志和额定起重量标志，还应设置简易升降机的安全操作规程，以便作业人员能按规、按需进行作业。相关标志和安全

图 2-38　层站召唤面板

操作规程如图 2-39 所示。

a) 警示标志和额定起重量标志

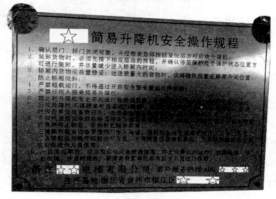

b) 安全操作规程

图 2-39　层站处标志和安全操作规程

对于动力驱动门，各层站应设置开门和关门按钮，只有当货厢停靠在本层的开锁区域内时，开门和关门按钮才能起作用，即本层开门和关门按钮不能控制其他楼层的开门和关门，防止使用者在装载货物时，被其他楼层控制开门和关门，以免发生在简易升降机内载人运行。

第五节　简易升降机的控制系统

简易升降机的控制系统主要是对各种指令信号、位置信号、速度信号和安全信号进行管理，对拖动装置和开门机构发出方向、起动、加速、减速、停车和开关门的信号，使简易升降机正常运行或处于保护状态。为实现简易升降机的电气控制，以前采用继电器逻辑线路，现大多采用计算机控制或 PLC 控制，更有变频器加计算机的控制方式，使简易升降机的起动、制动更加平稳。控制系统主要有层站外召唤线路、定向选层线路、起动运行线路、平层线路、开关门控制线路、安全保护线路等控制线路，如图 2-40 所示。

控制系统的功能与性能决定着简易升降机的自动化程度和运行性能。微电子技术和电力电子学的迅速发展及广泛应用，提高了简易升降机控制的技术水平和可靠性。

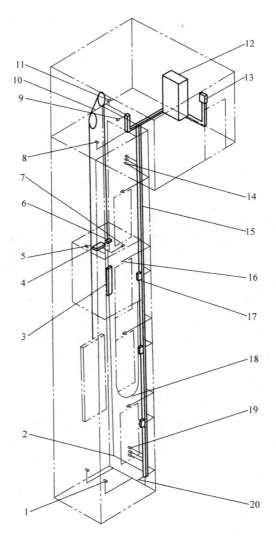

图 2-40 电气部件布置图

1—缓冲器电气开关 2—井道照明开关 3—井道照明 4—货厢顶接线箱 5—平层感应器
6—超载保护装置（1:1） 7—货厢顶检修盒（含停止装置） 8—限速器电气开关
9—盘车轮电气开关 10—制动器开关 11—电动机保护开关 12—控制柜 13—主电源开关
14—上端站极限和限位开关 15—井道内线槽 16—层门电气联锁 17—层站召唤面板
18—随行电缆 19—下端站极限和限位开关 20—底坑停止装置

一、电气元器件与部件的基本知识

控制系统由各电气元器件与部件，通过电气原理在 PCB 板上及各接插件和电线电缆之间的有效连接，达到系统的有效运行和故障的判断。常用的电器元器件与部件有以下几种：

（1）按钮　它是一种最常用的主令电器，其结构简单，应用广泛。各个层站必须设置控制按钮，包括层站按钮和开关门按钮，它由轻触开关和发光二极管构成。

（2）货厢顶检修装置　该装置位于货厢顶，一般安装在货厢上梁或护栏上，方便在货厢顶出入操作，如图 2-41 所示。它是维护修理人员设置的电气控制装置，方便维护修理人员点动控制简易升降机上、下运行，安全可靠地进行简易升降机维护修理作业。一般检修装置上设有紧急停止装置、正常和检修运行转换开关，以及点动上、下运行按钮开关、电源插座、货厢顶照明灯和控制开关。

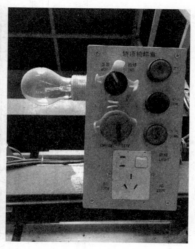

图 2-41　货厢顶检修装置

（3）平层感应器　如图 2-42 所示，它是在简易升降机运行将到预定停靠站时，简易升降机电气控制系统依据装设在井道内的机电设施提供的电信号，适时控制简易升降机按预定要求正常换（减）速，平层时自动停靠。对于强制式简易升降机，只要货厢一到达预定停靠站，平层感应器信号一触发，简易升降机马上停止运行。简易升降机常用的平层感应器为干簧管传感器，由装设在井道内货厢导轨上的换速干簧管传感器及安装在货厢顶上的平层隔磁板构成。在货厢运行过程中，当装设在货厢顶上的平层隔磁板插入井道内货厢导轨上的传感器内时，通过隔磁板（隔磁铁板）旁路磁场的作用，实现到站停止运行。

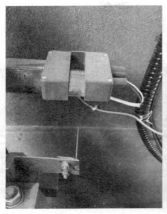

a) 平层感应器(非平层区)　　　　　　　　　b) 平层感应器(平层区)

图 2-42　平层感应器

（4）安全开关　如图 2-43 所示，它是一种利用机械的某些运动部件碰撞来发出控制指令，以达到控制线路的通断功能。它的触点必须是安全触点，主要用于控

a) 极限或限位电气开关　　　　　　　　　b)门闭合验证电气开关

c) 限速器电气开关　　　　　　　　　　d) 断火器开关

图 2-43　安全开关

制机械的运动方向、速度、位置保护及电气保护等。安全开关的触发必须是机械强制动作，即使是触点发生粘连，也应能使其有效地断开。一般安全开关有常闭和常开两种形式，根据不同控制要求选择不同的连接方式。

（5）接触器　如图 2-44 所示，它能接通、承载和分断正常电路条件（保护过载运行条件）下的电流非手动操作的机械开关电器，可用于远距离、频繁通断交直流负载电路，它具有欠电压保护、零电压保护功能。根据实际需求，选择不同容量和型号的接触器；也可根据用户的要求，选择不同使用寿命和品牌的接触器。

图 2-44　接触器

（6）继电器　它主要用于控制和在保护电路中作为信号转换，即当输入信号变化时，继电器产生输出而动作，通断控制回路。输入信号可为电量（电压、电流、频率等）和非电量（温度、压力、速度、时间等），输出电路（执行元件）通常为通断触点。

（7）断路器　俗称自动开关或空气开关，如图 2-45 所示。它主要用于低压配电电路中不频繁的通断控制，在电路发生短路、过载或欠电压等故障时能自动分断故障电路，是一种控制兼保护电器。断路器主要由触头、灭弧系统和各种脱扣器，如过电流脱扣器、失电压（欠电压）脱口器、热脱扣器、分励脱扣器和自由脱扣器等组成。其中过电流脱扣器用于线路的短路和过电流保护，当线路的电流大于整定的电流值时，过电流脱扣器所产生的电磁力使挂钩脱扣，动触点在弹簧的拉力下迅速断开，断路器跳闸。不同断路器的保护是不同的，使用时应根据需要选用，简易升降机一般选用含有电流脱扣器的断路器。

图 2-45　断路器

（8）热继电器　如图 2-46 所示，它是通过流入热元件的电流产生热量，使不同线胀系数的双金属片发生形变，当形变达到一定程度时，推动连杆动作，使控制电路断开，从而使接触器失电。主电路断开，实现电动机的过载保护。简易升降机的电动机保护常采用热继电器来实现，根据不同的功率来调整其电流值。

二、主开关

主开关是控制系统的电源接入点，关系到系统的稳定，是设备的安全运行的原始保障，如图2-47所示。简易升降机电源应是专用电源，电压波动范围应不超过±10%，而且照明电源应与简易升降机主电源分开。简易升降机的供电应采用TN－S或TN－C－S系统。在机房内，对应每一台简易升降机应装设一个能切断简易升降机所有供电电路的主开关；对无机房形式的简易升降机，该开关应设置在控制柜附近易于接近和操作处，一般情况下应将主开关加以标识，并单独设置。且安装位置一般设置在正常人员能触及的位置，方便在突发情况下能快速识别主开关，并将主开关拨至断开状态。主开关应具有切断简易升降机正常使用情况下最大电流的能力，应根据简易升降机的正常使用功率来确定主开关的最大电流，并科学合理选配。主开关不应切断以下电路：

图2-46　热继电器

图2-47　主电源箱

1）货厢内照明的供电电路。
2）货厢顶照明及插座的供电电路。
3）机房、检修平台、井道、底坑照明及插座的供电电路。

主开关还应具有稳定的断开和闭合位置。主开关的操作机构应能从机房入口处方便、快速地接近。如果机房为多台简易升降机共用，多台简易升降机的主开关操作机构应易于识别，以免在突发情况或修理状态下能准确断开该台设备的主电源，以免发生不必要的意外事故。

三、照明、信号

照明和指示信号是控制系统的辅助装置，货厢内、货厢顶部、机房、底坑及井道中应有电气照明，工作位置的照度均不应小于50Lx；照明电路电压不应大于220V，并应单独控制；各场所的照明在检验、检修和使用过程中都应有效，且照度和照明电压均能符合上述要求。不得用金属结构作照明线路的回路，避免在检验、检修和使用过程中因线路漏电而发生触电，造成伤人事故。可移动式照明装置的电源电压不得大于36V，交流供电不得使用自耦变压器。

各层站显示的指示信号应清晰准确，各种开关应工作可靠。当发生指示信号与实际层站不符的现象时，应及时更正，或请专业人士将其调整，避免使用人员将错误的指示层站当成正确的层站，造成人员坠落事故的发生，对此应引起重视。

四、控制系统

简易升降机的控制系统主要有继电接触器控制系统、PLC控制系统、计算机控制系统和变频控制系统等，如图2-48所示。

（一）继电接触器控制系统

继电接触器控制系统原理简单、线路直观、易于掌握。继电器通过触点的断、合进行逻辑判断和运算，进而控制简易升降机的运行。由于触点易受电弧损害，寿命短，因而继电接触器控制的简易升降机故障率较高、动作速度慢、控制功能少、接线复杂、通用性与灵活性较差。对不同的楼层和不同的控制方式，其原理图、接

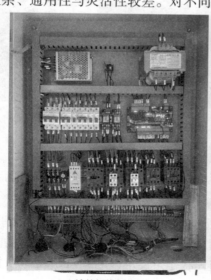 

a) 计算机控制系统　　　　　　　　　　b) PLC控制系统

图2-48　控制系统

c)变频控制系统

图 2-48　控制系统（续）

线图等必须重新设计和绘制，而且控制系统由许多继电器和大量的触点组成，故障率高。因此，继电接触器控制系统已逐渐被可靠性高、通用性强的 PLC 及计算机控制系统所代替。

（二）PLC 控制系统

PLC 是以微处理器为核心的工业控制器，如图 2-49 所示。它的基本结构由 CPU、输入输出模块、存储器及编程器等组成。与计算机控制系统相比，它具有以下主要特点：

（1）编程方便，易懂好学 PLC 虽然采用了计算机技术，但许多基本指令类似于逻辑代数的与、或、非运算，即电气控制的触点串联、并联等。程序编写采用梯形

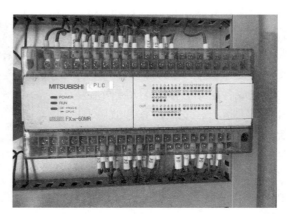

图 2-49　PLC 控制器

图，梯形图与继电接触器控制原理图类似，因而编程语言形象直观。

（2）抗干扰能力强，可靠性高　PLC 由于采用现代大规模集成电路技术，开关动作由无触点的半导体电路完成，加上采用严格的生产工艺制作，其内部结构采取了许多抗干扰措施，即输入、输出模块均有光电耦合电路，可在较恶劣的环境下工作。使用 PLC 构成控制系统，与同等规模的继电接触器系统相比，电气接线及

开关接点已减少很多，故障也就大大降低。此外，PLC 带有硬件故障自我检测功能，出现故障时可及时发出报警信息。在应用软件中，应用者还可以编入外围器件的故障自诊断程序，使系统中除 PLC 以外的电路及设备也获得故障自诊断保护。这样，整个系统具有极高的可靠性。

（3）构成系统灵活简便 PLC 的 CPU、输入输出模块和存储器组合为一体，根据控制要求可选择相应电路形成的输入、输出模块。用于简易升降机控制时，可将 PLC 作为内部由各种继电器及其触点、定时器、计数器等电路构成的控制装置。PLC 的输入可直接与交流 110V、直流 24V 等信号相连接，输出可直接驱动交流 220V、直流 24V 的负载，无须再进行电平转换与光电隔离，因而可以方便地构成各种控制系统。

（4）功能强，扩展性好 现代 PLC 具有数字和模拟量输入输出、逻辑和算术运算，以及定时、计数、顺序控制、功率驱动、通信、人机对话、自检、记录和显示功能，使用水平大大提高。同时具有各种扩充单位，可以方便地适应不同工业控制需要的不同输入、输出点及不同输入、输出方式的系统。

（5）安装维护方便 PLC 本身具有自诊断和故障报警功能。当输入、输出模块故障时，可方便地更换单个输入模块。

（三）计算机控制系统

随着电子技术的发展，计算机控制系统已成为各大产品的主流，现在的简易升降机均以计算机控制系统为主，如图 2-50 所示。计算机控制系统由 CPU、存储器、输入及输出接口等主要部分组成。CPU主要完成各层站召唤信号处理、逻辑和算术运行，安全检查和故障判断，发出控制指令和速度指令等。存储器用于存储各层站数据、运行控制程序等。输入、输出接口电路

图 2-50 计算机控制系统

用于 CPU 与外部设备或电路的信号传送、电平转换，并通过光电耦合隔离外界干扰。

计算机控制用于简易升降机主要有以下几个特点：

（1）兼容性强 能适用不同驱动方式、不同层站、不同功能的简易升降机的控制系统。

（2）产品成熟稳定 经过多年的使用和改良，已经形成一套成熟、稳定的系统，无参数漂移现象，且具有很高的柔性，在不需要改动硬件的情况下，可以通过软件改变系统的功能。

（3）抗干扰能力强，可靠性高　计算机控制由于采用微电子技术，其内部结构采取了许多抗干扰措施，如输入、输出模块均有光电耦合电路，能适应一般工况的工业生产厂区。使用计算机控制系统，与同等规模的继电接触器系统相比，故障大大降低。计算机控制带有硬件故障自我检测功能，出现故障时不仅可及时发出故障信息（故障代码），还可以通过故障信息及时排除故障。

（4）安装维护方便　对不同参数的设备，只需更改计算机内相关程序参数即可实现设备运行调试。同时计算机本身具有自诊断和故障报警功能。当输入、输出模块故障时，可方便地更换单个输入模块。

（5）生产成本低廉　随着微电子技术的发展，各元器件价格低廉，一个完整的控制系统的生产成本也随之下降。

第三章 简易升降机的安全保护装置

简易升降机属特种设备，必须把安全运行放在首位。简易升降机发生的危险主要有：人员挤压、人员的坠落、人员的剪切、钢丝绳断绳发生坠落，以及由于材料的失效造成的结构破坏等。简易升降机的安全性除了要在机构设计的合理性和可靠性方面入手外，还需要设置各种安全保护装置来保证简易升降机的安全运行。简易升降机的安全保护装置可以采用不同的结构形式，但必须满足相应的安全要求。

第一节 停层保护装置

停层保护装置是简易升降机在停层装卸货物时，为防止货厢发生滑移、坠落或者突然运行而设置的安全保护装置。停层保护装置按驱动停层销的方式分为机械驱动和电气驱动两种。

一、机械驱动的停层保护装置

机械驱动的停层保护装置（见图 3-1）由货厢门驱动杆、被动连杆、停层销、支架、电气验证开关组成。

机械驱动的停层保护装置的工作原理是：在货厢处于除底层外的任一平层位置时，当货厢门被打开，货厢门驱动杆沿开门方向（向右）水平移动，通过 V 形连接装置（见图 3-2）把货厢门驱动杆的水平移动转化为被动连杆的顺时针旋转运动，通过被动连杆的传导转化，停层销逐渐向货厢两侧伸出，停层保护装置上的电气开关动作，切断简易升降机的动力电源，此时就算关上外层门，简易升降机也无法运行；当货厢门打开了不大于 30cm 时，此时停层销应完全伸出。

图 3-1 机械驱动的停层保护装置　　　　　图 3-2 V 形连接装置

　　停层销一般选用具有足够强度的钢材，这样在发生货厢下坠等不安全状态时，能提供足够的强度，以承受额定起重量、货厢质量及可能的冲击载荷，并保证无变形、脱焊、松动和裂纹等缺陷。停层销伸出后的状态如图3-3所示。

　　当停层销伸出到一定位置后，就可靠的架在停层保护装置用导轨支架上。图3-4所示为常见的停层保护装置支架。

图3-3　停层销伸出后的状态　　　　图3-4　停层保护装置的支架

　　停层保护装置的支架一般左、右各设一个。支架的用材强度要保证可靠的支撑作用。当货厢门关闭时，货厢门驱动杆沿关门方向（向左）运动，带动被动连杆作逆时针旋转，停层销逐渐收回直至完全回复，此时电气安全开关恢复正常，在关闭层门后简易升降机动力电源恢复供电，简易升降机可正常运行。常见的停层保护装置电气安全开关的安装位置如图3-5所示。

a) 安装在货厢架上　　　　　　　　b) 安装在被动连杆上

图3-5　常见的停层保护装置电气安全开关的安装位置

二、电气驱动的停层保护装置

　　电气驱动的停层保护装置（见图3-6）的工作原理是：在货厢到达某一站平层时，操作人员通过按压层门外的操纵面板上的开门按钮，使停层保护装置上的伸缩装置接收到伸出信号；逐渐向两侧伸出停层保护销（见图3-7），并同时触发停层保护装置上的电气开关，简易升降机动力电源被切断；当货厢门打开达到30cm时，停层保护销应完全伸出，并架在两侧的停层保护专用支架上。当简易升降机需要运行时，在货厢门和层门关闭的情况下，操作人员在层门外部的召唤盒上进行选层，那么停层保护装置的停层保护销开始从两侧慢慢收回，等完全回复时，停层保护装置的电气保护开关恢复正常；简易升降机恢复动力电源的供电，简易升降机向选定楼层运行。停层保护装置在动作过程中，其各机构动作要求灵活可靠，且没有卡阻现象。

图3-6　电气驱动的停层保护装置

图3-7　向两侧伸出的停层保护销

三、停层保护装置的设置要求

曳引式、强制式和齿轮齿条式简易升降机应设置停层保护装置。当货厢处于除底层外的任一平层位置且货厢门打开时，能防止货厢发生非正常滑移或坠落。以下情况除外：

1）对曳引式或强制式简易升降机，当采用两根或两根以上悬挂钢丝绳或链条，且所有参与施加制动力的制动器机械部件分两组装设，每组部件均有足够的制动力时，可以不设置停层保护装置。

2）对齿轮齿条式简易升降机，当所有参与施加制动力的制动器机械部件分两组装设，且每组部件均有足够的制动力时，可以不设置停层保护装置。

第二节　下行超速保护装置

一、下行超速保护装置的工作原理

简易升降机在使用的时候会因为各种原因发生控制系统失灵、制动系统故障失灵或制动力不足、钢丝绳断绳、曳引式简易升降机还会存在曳引力的不足等原因导致货厢超速向下运行或坠落，因此，必须有可靠的下行超速保护措施。

　　下行超速保护装置的工作原理就是当简易升降机在向下运行过程中速度发生变化，超过了原有运行速度一定程度后，切断电气安全回路，使动力电源失电，同时使安全钳等超速执行元件动作，进而把货厢制停在导轨上。

二、下行超速保护装置的设置要求

　　除直接作用的液压式简易升降机外，其他类型的简易升降机均要求设置下行超速保护装置，并且符合以下要求：

　　1）下行超速保护装置采用机械的动作方式，并且能够使载有额定起重量的货厢可靠制停。

　　2）下行超速保护装置设置有效的电气联锁装置，当下行超速保护装置作用时，能够切断简易升降机的电气安全回路。

　　3）下行超速保护装置的动作速度不小于额定速度的115%，并且小于0.8m/s。

　　简易升降机发生下行超速的原因主要有以下几种：

　　1）曳引钢丝绳因各种原因断裂。

　　2）钢丝绳绳头断裂或绳头板与货厢横梁或对重架焊接处开焊。

　　3）蜗轮蜗杆的轮齿、轴、键、销等传动部件折断失效。

　　4）由于曳引轮绳槽磨损严重，同时货厢超载，造成钢丝绳和曳引轮打滑。

　　5）制动器失效。

　　6）其他原因。

三、限速器 – 安全钳装置

　　下行超速保护装置常见的是限速器 – 安全钳装置，限速器和安全钳是不可分割的两个部件，它们共同承担简易升降机失控和超速时的保护任务。限速器 – 安全钳联动原理如图3-8所示。

　　（一）限速器 – 安全钳装置原理

　　一个完整的限速器 – 安全钳装置通常由限速器、限速器绳、限速器绳头、张紧轮、张紧轮开关（限速器断绳开关）、安全钳、安全钳开关（见图3-9）及连杆系统组成。当简易升降机在运行过程中无论何种原因使货厢发生超速，甚至发生坠落等危险情况，货厢的运行速度会通过限速器绳反映到限速器上，使限速器的转速加快。当货厢的运行速度超过115%的简易升降机额定速度并且达到限速器设定的机械动作速度后，限速器开始机械动作。在这之前，限速器还有一个电气动作开关，它动作时能切断简易升降机的动力电源。电气动作开关的动作设定速度比机械动作速度的设定值要小，所以当发生下行超速危险时，电气动作开关先动作，机械动作开关后动作。

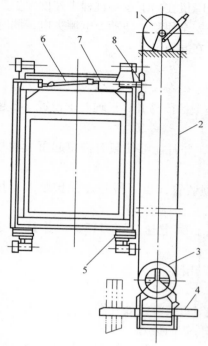

图 3-8　限速器 - 安全钳联动原理
1—限速器　2—限速器绳　3—张紧轮
4—限速器断绳开关　5—安全钳
6—连杆系统　7—安全钳动作开关
8—限速器绳头

图 3-9　安全钳开关

　　限速器机械动作时，由于货厢继续下行做相对运动，限速器绳头通过杠杆将一侧安全钳楔块拉住，使这一侧安全钳动作；与此同时，限速器绳头的动作通过连杆系统拉住另一侧安全钳楔块，使另一侧安全钳动作，把货厢制停在导轨上。在连杆的动作过程中，通过杠杆上的凸轮或打板，使电气安全装置动作，切断电气安全回路，使电动机停止运行。限速器和安全钳动作后，必须经专业人员调整后，才能恢复使用。一般需短接相关安全装置，货厢检修向上运行复位限速器，再向上运行一段距离，复位安全钳。

　　限速器 - 安全钳装置中的提拉连杆系统的实物图如图 3-10 所示，它负责把安全钳提起使其完成机械动作。

　　提拉连杆系统由限速器钢丝绳、安全钳开关、连杆、复位弹簧、提拉杆组成。限速器 - 安全钳提拉连杆系统的平面原理图如图 3-11 所示。

a) 提拉部分上部　　　　　　　　　　b) 提拉部分下部

图 3-10　提拉连杆系统的实物图

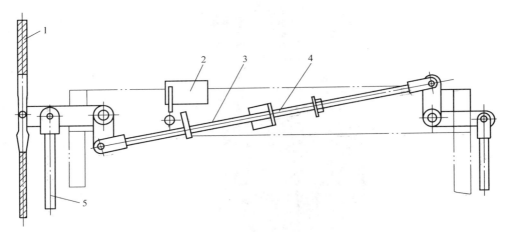

图 3-11　限速器 – 安全钳提拉连杆系统的平面原理图

1—限速器钢丝绳　2—安全钳开关　3—连杆　4—复位弹簧　5—提拉杆

（二）限速器

限速器是监控简易升降机运行速度的装置，它的作用是在货厢超速达到设定值时发出动作信号，并使机械装置动作，从而拉动限速器钢丝绳。限速器一般安装在机房（见图 3-12a）、井道内（见图 3-12b）或者检修平台上。

对于只依靠摩擦力产生张力的限速器，其槽口应是经过附加的硬化处理，或有一个符合要求的带切口的半圆槽（见图 3-13）。在限速器发生机械动作时，限速器

a)安装在机房

b)安装在井道内

图 3-12　限速器的安装位置

钢丝绳起到拉动安全钳联动机构的作用。在限速器外壳等相关部位，应标上安全钳动作或者货厢运行的相应方向。限速器绳轮是由限速器钢丝绳驱动的。限速器绳轮的节圆直径与绳的公称直径之比一般不小于30，其限速器绳的公称直径一般不小于6mm。

在限速器的分类中，根据不同的分类方法，限速器可以分为不同的类型。

按照钢丝绳与绳槽之间的不同作用方式，限速器可分为摩擦（或曳引）式和夹持（或夹绳）式两种，图3-14a和图3-14b所示分别为摩擦式限速器和夹持式限速器。

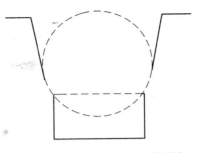

图3-13　限速器带切口的半圆槽

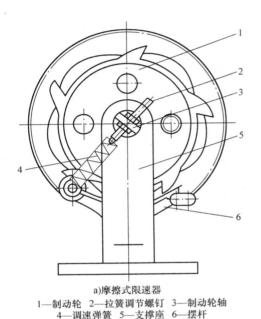

a)摩擦式限速器

1—制动轮　2—拉簧调节螺钉　3—制动轮轴
4—调速弹簧　5—支撑座　6—摆杆

b)夹持式限速器

1—限速器绳轮　2—甩块　3—连杆　4—螺旋弹簧
5—超速开关　6—锁栓　7—摆动钳块　8—固定钳块
9—压紧弹簧　10—调节螺栓　11—限速器绳

图3-14　摩擦式限速器和夹持式限速器

常见的夹持式限速器有以下两种：

1）第一种（见图3-15a）。当货厢超速达到限速器的机械动作速度时，甩块触碰限速器机械动作的夹绳打板碰铁3，使夹绳钳11掉下，实现对钢丝绳的夹持。在此过程中，绳轮一直是运转的，夹绳钳的动作与钢丝绳和绳槽间的摩擦力无关。

2）第二种（见图3-15b）。当货厢超速达到限速器的机械动作速度时，限速器甩块在离心力作用下张开，棘爪1进入棘轮2，绳轮3停止运转，依靠钢丝绳与绳轮间的摩擦力，拉动夹绳钳弹簧4，使夹绳块5夹持在钢丝绳上。由此可见，对于这种限速器而言，在夹绳块夹持钢丝绳之前，钢丝绳与绳槽间的摩擦力能否克服夹绳块上的弹簧力，是使其是否能够实施夹持的关键。在对这种限速器和安全钳

（或夹绳器）进行联动试验时，除了人为将棘爪卡入棘轮外，任何其他借助手或脚等方式协助夹绳块实施夹持的方法都是错误的。因为当钢丝绳与绳槽之间的摩擦力可能不足以拉动夹绳块时，也就无法实现对钢丝绳的真正夹持，在限速器绳上也就无法产生触发安全钳所需的张力，这种现象在进行双向夹持式限速器与夹绳器的联动试验时表现尤为明显。

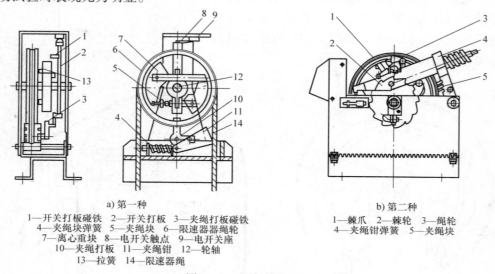

a) 第一种

1—开关打板碰铁　2—开关打板　3—夹绳打板碰铁
4—夹绳块弹簧　5—夹绳块　6—限速器绳轮
7—离心重块　8—电开关触点　9—电开关座
10—夹绳打板　11—夹绳钳　12—轮轴
13—拉簧　14—限速器绳

b) 第二种

1—棘爪　2—棘轮　3—绳轮
4—夹绳钳弹簧　5—夹绳块

图 3-15　夹持式限速器

　　按照超速时不同的触发原理，限速器可分为摆锤式和离心式两种。夹持式限速器也属于水平轴甩块式限速器。

　　摆锤式限速器（见图3-16）绳轮上的凸轮9在旋转过程中与摆锤一端的滚轮4接触，摆锤摆动的频率与限速器的转速有关。当摆锤的振动频率超过某一预定值时，摆锤的棘爪卡住棘轮10，从而使限速器停止运转。

　　离心式限速器又可分为垂直轴转动型限速器和水平轴转动型限速器两种。目前常用的为水平轴转动型限速器，其具有结构简单、可靠性高、安装所需要的空间小等特点。离心式限速器（见图3-17）的两个绕各自枢轴转动的甩块2由连杆3连接在一起，以保证同步运动，甩块由螺旋弹簧4固定，限速器绳轮1在垂直平面内转动。当货厢速度超过额定速度预定值，甩块因离

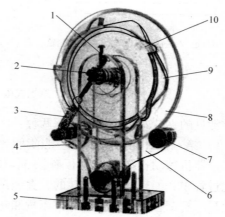

图 3-16　摆锤式限速器简图
1—拉簧调节螺栓　2—制动轮轴　3—拉簧　4—滚轮
5—支架　6—挺杆　7—配重　8—限速轮
9—凸轮　10—棘轮

心力的作用向外甩开，使超速开关 5 动作，从而切断简易升降机的控制回路，使制动器失电抱闸。如果货厢速度进一步增大，甩块会进一步向外甩开，并撞击锁栓 6，松开摆动钳块 7。正常情况下，摆动钳块由锁栓拴住，与限速器绳间保持一定的间隙。当摆动钳块松开后，钳块下落，使限速器绳夹持在固定钳块 8 上，固定钳块由压紧弹簧 9 压紧，压紧弹簧可利用调节螺栓 10 进行调节，此时，绳钳夹紧了限速器绳 11，从而使安全钳动作。当钳块夹紧限速器绳使安全钳动作时，限速器绳不应有明显的损坏或变形。

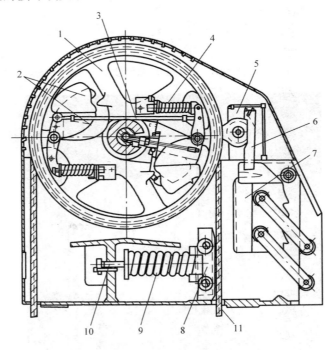

图 3-17　离心式限速器

1—限速器绳轮　2—甩块　3—连杆　4—螺旋弹簧　5—超速开关　6—锁栓
7—摆动钳块　8—固定钳块　9—压紧弹簧　10—调节螺栓　11—限速器绳

　　根据控制状态，限速器可分双向限速器和单向限速器，用于简易升降机的一般是单向限速器。离心式限速器具有动作灵敏度高、动作速度离散性小、工作稳定性好、噪声低及提拉力可调等优点。当限速器使用周期达到五年，或者限速器动作出现异常、限速器各调节部位封记损坏时，应由有资质的检验机构或生产单位对限速器进行动作速度校验并出具校验报告。限速器上应有铭牌，标明限速器的制造单位、型式试验标志，以及试验单位和已经整定的动作速度。

　　（三）限速器绳张紧装置

　　限速器绳张紧装置由限速器绳、张紧轮、重锤和限速器断绳开关等组成，它安装在底坑内。限速绳由货厢带动，限速绳将货厢运行速度传递给限速器轮，限速器轮反映出简易升降机货厢的实际运行速度。限速器的张紧装置如图 3-18 所示，而其实物如图 3-19 所示。

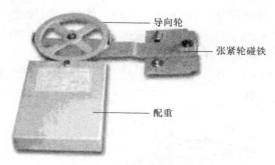

图 3-18　限速器的张紧装置

图 3-19　限速器张紧装置实物图

限速器张紧装置的作用主要有以下两个方面：

1) 确保限速器能够对货厢速度进行监控。限速器绳轮的转动是依靠与货厢连接的钢丝绳与绳槽之间的摩擦力带动的，为了确保钢丝绳与绳轮之间无打滑现象，实现限速器绳与绳轮的同步运转，就必须要求限速器绳有足够的张紧力。目前，大多数限速器的单侧钢丝绳张紧力一般在 150N 左右。

2）当限速器机械动作时，确保在限速器绳上产生足够的张力。尤其对于摩擦式限速器，张紧装置质量越大，则限速器动作时限速器绳上产生的张力越大；对于夹持式限速器，当限速器动作时，张紧装置质量的大小对在钢丝绳上产生的张紧力的大小无显著影响。张紧力指限速器没有动作时，仅在张紧装置作用下钢丝绳所受到的张力。当限速器采用悬挂式张紧装置时，其单侧钢丝绳张紧力的大小等于所有张紧装置（包括张紧轮与配重块）重力的一半。当限速器动作时，限速器绳的张力指在限速器绳与安全钳提拉机构连接处沿货厢运行方向拉动限速器绳所产生的张力增量，不包含因张紧装置的作用所产生的那部分限速器绳的张力。

（四）安全钳

安全钳是一种使货厢（或对重）停止向下或向上运动的机械装置，凡是由钢丝绳或链条悬挂的货厢均应设置安全钳。安全钳一般都安装在货厢架的底梁上，同时成对地作用在导轨上。安全钳可分为瞬时式安全钳和渐进式安全钳。

1. 瞬时式安全钳

瞬时式安全钳具有以下主要特征：

1）产品结构上没有采取任何措施来限制制停力或加大制停距离。

2）制停距离较短，一般约为30mm。

3）制停力瞬时增大到最大值。

4）制停后满足自锁条件。

瞬时式安全钳有以下三种类型。

（1）楔块型瞬时式安全钳　楔块型瞬时式安全钳（见图3-20）的钳体一般由铸钢制成，安装在货厢架的下梁3上，每根导轨5分别由两个楔形钳块4夹持（双楔型），也有只有一个楔块动作的（单楔型）。因为一旦楔块与导轨接触，由于楔块斜面的作用会使导轨被越夹越紧，此时安全钳的动作就与操纵机构无关。

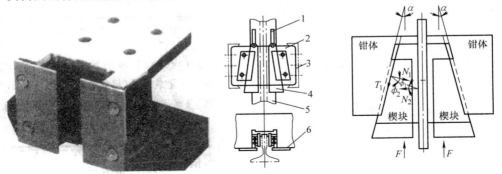

图3-20　楔块型瞬时式安全钳

1—拉杆　2—安全钳座　3—货厢架下梁　4—楔（钳）块　5—导轨　6—盖板

在制造过程中，为了增加楔块与导轨之间的摩擦因数，常将钳块与导轨相贴的一面加工成花纹状，并减少楔块表面的油污。为了减小楔块与钳体之间的摩擦，一般可在它们之间设置表面经硬化处理的镀铬滚柱。当安全钳动作时，楔块在滚柱上做相对钳体运动。实践证明，楔形角一般以6°~8°为宜。

（2）偏心块型瞬时式安全钳　偏心块型瞬时式安全钳由两个硬化钢制成的带有半齿的偏心块组成（见图3-21）。它有两根联动的偏心块连接轴，轴的两端用键与偏心块相连。当安全钳动作时，两个偏心块连接轴相对转动，并通过连杆使四个偏心块1保持同步动作。偏心块的复位由弹簧来实现，通常在偏心块上装有一根提拉杆2。应用这种类型的安全钳，偏心块卡紧导轨3的面积很小，接触面的压力很大，动作时往往使齿或导轨表面受到破坏。所以这种形式的安全钳在国内已经很少生产和使用。

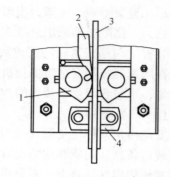

图3-21　偏心块型瞬时式安全钳
1—偏心块　2—提拉杆
3—导轨　4—导靴

（3）滚柱型瞬时式安全钳　滚柱型瞬时式安全钳（见图3-22）也称不可脱落滚柱型瞬时式安全钳。当安全钳动作时，相对于钳体7而言，淬硬的滚花钢制滚柱8在钳体楔形槽内向上滚动，当滚柱贴上导轨6时，钳体就在钳座内做水平移动，这样就消除了另一侧的间隙。

目前在国内市场上，常见的瞬时式安全钳只有楔块型瞬时式安全钳和滚柱型瞬时式安全钳两种。除不可脱落滚柱型以外的瞬时式安全钳，一般指楔块型瞬时式安全钳。

瞬时式安全钳的优点是减速度大、制动距离短、成本低，缺点是动作时货厢和导轨所受的冲击力大，对于超载情况下的紧急制动，有时还会造成货厢和导轨的变形。

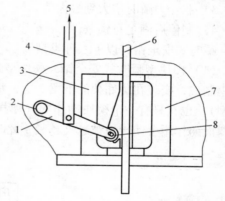

图3-22　不可脱落滚柱型瞬时式安全钳
1—连杆　2—支点　3—爪　4—操纵杆
5—加力　6—导轨　7—钳体　8—滚柱

2. 渐进式安全钳

渐进式安全钳（见图3-23）与瞬时式安全钳相比，主要不同点在于渐进式安全钳在制动元件和钳体之间设置了弹性元件，有些安全钳甚至将钳体本身就作为弹性元件使用。在制动过程中，渐进式安全钳靠弹性元件的作用，制动力是有控制地逐渐增大或恒定的，其制动距离与被制停的质量及安全钳开始动作时的初速度有关。

渐进式安全钳具有以下主要特征：

1）产品结构上采取了限制制停力的措施。

2）制停距离较长。

3）制停力逐渐增大到最大值。

4）制停后满足自锁条件。

渐进式安全钳的弹性元件一般有碟形弹簧、U 形板簧、扁条板簧、Π形弹簧、螺旋弹簧等。

（1）碟形弹簧　碟形弹簧的截面是锥形的，它是可以承受静载荷或交变载荷的一种弹簧，其特点是在最小的空间内以最大的载荷工作。由于其组合灵活

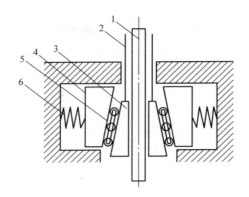

图 3-23　渐进式安全钳
1—导轨　2—拉杆　3—楔块
4—钳座　5—滚珠　6—弹簧

多变，因此在渐进式安全钳中得到了较广泛的应用。弹性元件为碟形弹簧的渐进式安全钳如图 3-24 所示。弹性元件 3 为碟形弹簧，夹持件为两个楔形钳块 2，楔块背面有滚柱组 1，滚柱可在钳体的钢槽内滚动（见图 3-25）。当提拉杆将楔形钳块向上提起时，楔块背面滚柱组随动，楔块与导轨面接触后，楔块继续上滑一直到限位板停止，此时楔块夹紧力达到预定的最大值，形成一个不变的制动力，使货厢以较低的减速度平滑制动。

弹性元件为碟形弹簧的渐进式安全钳的最大夹持力，可由钳臂 5 尾部的弹簧（螺旋式或蝶形弹簧）预定的行程确定。

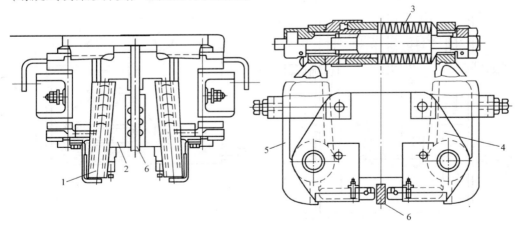

图 3-24　弹性元件为碟形弹簧的渐进式安全钳
1—滚柱组　2—楔形钳块　3—碟形弹簧组　4—钳座　5—钳臂　6—导轨

（2）U 形板簧　弹性元件为 U 形板簧的渐进式安全钳（见图 3-26）的弹性元

件 3 为 U 形板簧，制动元件为两个楔块 4，楔块背面有滚柱排，其钳座 2 是由钢板焊接而成的，楔块被提起夹持导轨后，钳体张开，直至楔块行程的极限位置，其夹持力的大小由 U 形板簧的变形量确定。根据其结构，U 形板簧渐进式安全钳可分为内支架和外支架两个结构。

（3）扁条板簧　扁条板簧是较特殊的安全钳弹性元件，因其板簧自身既是弹性元件又是导向元件，因此在渐进式安全钳的使用中对其强度要求较高。弹性元件为扁条板簧的渐进式安全钳（见图 3-27）的钳体斜面由一个扁条弹簧代替，形成一个滚道，供表面已被淬硬的钢质滚花滚柱在其上面滚动，通过提拉杆直接提住滚柱来触发安全钳动作。提拉杆提住滚柱后，滚柱与导轨接触并楔入导轨与弹簧之间。由于滚柱与导轨的接触面积小，接触应力较大，因而要求扁条弹簧的刚度不应过高，以避免过大的接触应力导致导轨的损坏。施加到导轨上的压力可由扁条弹簧控制。

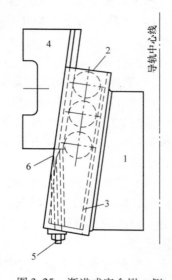

图 3-25　渐进式安全钳一侧的钳体构造

1—钳块　2—滚柱　3—滚柱保持架
4—钳体　5—调节螺栓　6—螺旋弹簧

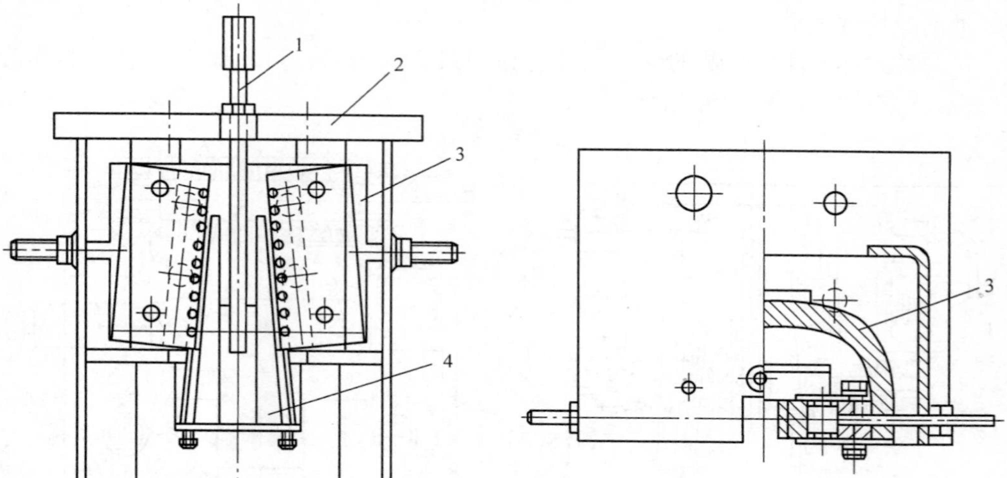

图 3-26　弹性元件为 U 形板簧的渐进式安全钳

1—提拉杆　2—焊接式钳座　3—U 形板簧　4—楔块

（4）∏形弹簧　弹性元件为∏形弹簧的渐进式安全钳（见图 3-28）的钳体上

开有数个贯通的孔，产品外形如一个∏形字母，钳体本身也就自然成了弹性元件。制动元件为楔块，左边为固定楔块，右边楔块为动楔块，提拉杆提住右边的动楔块与导轨接触时，安全钳就会可靠地夹在导轨上了。

（5）螺旋弹簧　弹性元件为螺旋弹簧的渐进式安全钳（见图3-29）的特点是可以承受较大的载荷。由于圆柱螺旋弹簧的尺寸较大，其在小吨位渐进式安全钳中的应用已逐渐减少。

相对于瞬时式安全钳，渐进式安全钳的制动距离大，减速度小，对货厢和导轨的冲击力小，但是制造成本高于瞬时式安全钳。由于简易升降机运行速度较慢，又不是载人运行，出于成本等因素考虑，简易升降机一般选用瞬时式安全钳。

图 3-27　弹性元件为扁条板簧的渐进式安全钳

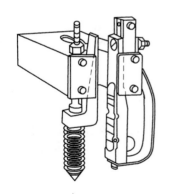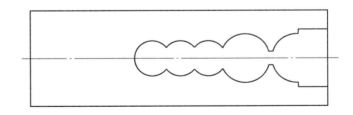

图 3-28　弹性元件为∏形弹簧的渐进式安全钳

简易升降机的货厢应装有能在下行时动作的安全钳，在达到限速器动作速度时，甚至在悬挂装置断裂的情况下，安全钳应能夹紧导轨，使装有额定起重量的货厢制停并保持静止状态。在触动安全钳的机构连接中，不得用电气、液压或者气动的装置来操作安全钳。安全钳装置是当货厢超速下行（包括钢丝绳全部断裂的极端情况）时，能够将简易升降机的货厢紧急制停并夹持在导轨上的安全保护装置，其动作是靠限速器的机械动作带动一系列相关的联动装置，最终使安全钳楔块接触、摩擦并使货厢制停。禁止将安全钳的夹爪或者钳体充当导靴使用。如果安全钳是可调节的，则应在其调节后加封记。

安全钳动作是在货厢发生下行超速甚至是坠落的故障情况下，这些故障本身容易导致重大人身伤害。因此，如果安全钳动作，必须要查明原因、消除隐患，决不能随意恢复供电运行；安全钳动作后的释放应由称职人员进行。

安全钳动作时，悬挂货厢、对重（或平衡重）的钢丝绳可能已经断裂，因此如果不是在将货厢、对重（或平衡重）提升的情况下释放安全钳，将导致灾难性的后果。为了避免这种情况的发生，规定只有在将货厢、对重（或平衡重）提起的情况下才能释放动作了的安全钳，也就是说，安全钳动作后，除上述措施外，无论是减小限速器绳的拉力还是向下设法移动货厢，都不能使安全钳解除自锁；同样也不应提供一种能够使安全钳在不提起货厢、对重（或平衡重）

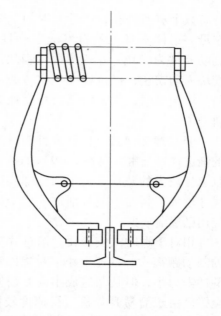

图 3-29　弹性元件为螺旋
弹簧的渐进式安全钳

的情况下而释放的装置。考虑到实际情况下使安全钳复位可能存在的困难，允许动作后的安全钳在货厢、对重（或平衡重）被提起的情况下自动复位。

第三节　防运行阻碍保护装置

常见的防运行阻碍保护装置一般分为两种：①是防悬挂装置松弛的安全保护装置（也称为防松绳保护装置），②是由电气系统控制运行时间达到运行障碍保护的效果，如果运行时间超过规定的时间则停止货厢的继续运行。例如，曳引式、齿轮齿条式简易升降机和直接作用液压式简易升降机设置运转时间限制器，即当货厢或对重运行受到阻碍且时间超过全程运行所需时间加 10s 以前，会切断电动机或电磁阀的电源，运转时间限制器不应影响检修运行。强制式简易升降机应设置有悬挂装置松弛时的安全保护装置，当货厢向下运行受到阻碍时，能及时切断简易升降机的电气安全回路。

常见的机电式防松绳保护装置分为两种：①是直接作用在起升机构的钢丝绳上（见图 3-30），②是设置在起升机构的滑轮处（见图 3-31）或者吊钩处（见图 3-32）。

作用在钢丝绳上的防松绳保护装置一般由滑轮、重锤、重锤导向装置、电气开关、钢丝绳组成。钢丝绳一端固定在简易升降机货厢上方的起升钢丝绳上，另外一端连接重锤。重锤可以在重锤的导向装置中运动，重锤下方设置有松绳检测电气开

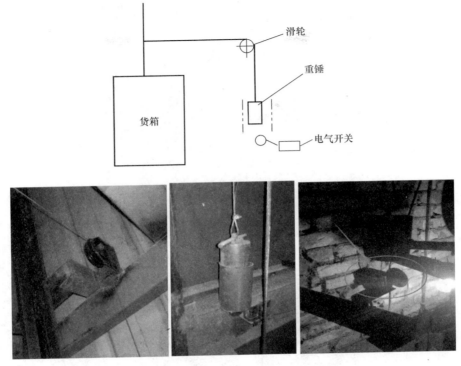

图 3-30　作用在钢丝绳上的防松绳保护装置

关。正常情况下，由于重锤和货厢的重力作用，起升钢丝绳和防松绳装置的钢丝绳都是绷紧的，重锤下端与松绳电气检测开关有适当的距离，简易升降机正常运转；当起升钢丝绳松弛到一定程度，或者钢丝绳断裂，那么松绳保护的钢丝绳无法绷紧，重锤在重力的作用下沿重锤导向装置向下运动，从而使松绳检测开关动作，切断简易升降机的动力电源。

作用在滑轮处的防松绳保护装置（见图 3-31）通常由一个常闭电气开关和相关线路组成。正常情况下，松绳检测开关紧贴在货厢顶部滑轮的上端。当发生钢丝绳松弛或断裂时，在重力作用下滑轮向下运动，电气检测开关的打杆在内置弹簧的作用下也向下弹开，电气开关动作，切断了简易升降机的动力电源。

安装于吊钩处的防松绳保护装置（见图 3-32）的原理和安装于滑轮处的防松绳保护装置类似，只是安装位置不同。当起升钢丝绳发生断裂等情况，吊钩向下运动，防松绳电气检测开关动作，切断简易升降机的动力电源，从而起到保护的作用。

相对于直接作用于钢丝绳上的防松绳保护装置，安装于滑轮和吊钩处的防松绳保护装置具有安装维修方便，误动作少，维修成本低的优点。

图 3-31　作用在滑轮处的防松绳保护装置

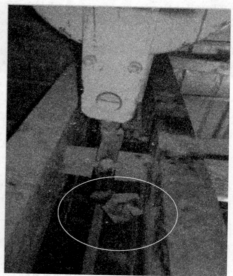

图 3-32　安装于吊钩位置的防松绳保护装置

第四节　限位装置和极限装置

一、限位装置

简易升降机是在一定的高度范围内进行上下升降的，在简易升降机到达井道底部或顶部相应位置时，需要让简易升降机停止运行，以免对简易升降机或建筑等造成损坏。因此，限位开关（极限开关）的重要性就显而易见了。在简易升降机井道最上端和最下端的适当位置，各装有一排防止货厢冲顶或蹲底的电气开关，其作用是当货厢在端站没有正常停层而继续运行时，就会触动限位开关，立即切断简易升降机运行方向控制电路，使简易升降机停止运行。

限位开关为单方向限制，简易升降机停止后货厢不能向危险方向运行，但仍能向安全方向运行。例如，当简易升降机下行到端站没有停层而触动限位开关时，会使简易升降机停止运行，此时简易升降机不能向下运行，但可以向上运行。

限位开关（见图3-33）是限制工作机械位置的主令电器，一般于工作机械到达终端时发生作用，故又称为终端开关。行程开关控制的是工作机械的行程，而限位开关控制的则是工作机械的位置，且往往是终端位置或极限位置。

图3-33　限位开关

限位开关一般都安装在固定于导轨的支架上，由安装在货厢上的打板（撞杆）触动而动作。当货厢到达上、下端站却没有停止时，此时会触发限位开关，限位开关会切断运行方向的动力电源，使货厢无法继续朝危险方向运行。图3-34所示为目前广泛使用的限位开关的安装位置。

限位开关不宜使用普通的行程开关（见图3-35）和磁开关、干簧管开关等传感装置。

限位开关是防越程的第一道关，当货厢在端站没有停层而触动限位开关时，会立即切断运行方向控制电路，使简易升降机停止运行。强制式、曳引式和齿轮齿条式简易升降机应设置上、下限位开关，而直接作用液压式简易升降机只要求设置上限位开关。限位开关应采用自动复位的形式，并在极限开关动作之前起作用。

图3-34　限位开关的安装位置

二、极限装置

极限开关是防越程的第二道保护。当限位开关动作后简易升降机仍不能停止运行时，则触动极限开关切断电路，使驱动主机和制动器失电，简易升降机停止运行。极限开关动作能防止简易升降机在两个方向的运行，而且不经过称职人员的调整，简易升降机不能自动恢复运行。因为极限开关动作本身就证明控制系统方面存在问题，在没有查出和解决这些问题前，应防止简易升降机再次运行而发生更大的危险。

图 3-35　行程开关

极限开关是为了防止简易升降机在非正常情况下超越行程运行发生危险而设置的，通常采用常闭式，所以极限开关的设置应尽可能地设置在接近端站又无误动作危险的位置上。极限开关与限位开关相邻而设（见图 3-36），但是必须确保极限开关与限位开关不联动。在上端站，它设置在限位开关的上方；在下端站，它设置在限位开关的下方。当限位开关触发，货厢仍然无法停止运行时，就会触发极限开关，切断动力电源。

限位
开关

极限
开关

图 3-36　极限开关和限位开关的设置

对于极限开关动作方式，应采用以下两种方式的一种：

1）采用强制的机械方法直接切断电动机和制动器供电回路。

2）采用符合要求的安全触点切断向主电路接触器线圈直接供电的电路。

曳引式、强制式和齿轮齿条式简易升降机应设置上、下极限开关；直接作用液压式简易升降机应设置上极限开关。强制式和齿轮齿条式简易升降机的上极限开关应在货厢地坎超过上端站地面150mm之前起作用，并在货厢顶部与井道顶最低部件发生碰撞前保持其动作状态。直接作用液压式简易升降机的上极限开关应在柱塞缓冲制动之前起作用，并在柱塞进入缓冲制动区期间保持其动作状态。曳引式简易升降机的上、下极限开关，以及强制式和齿轮齿条式简易升降机的下极限开关应在货厢或对重接触缓冲器前起作用，并在缓冲器被压缩期间保持其动作状态。

极限开关和限位开关只能保护在运行中由于控制系统的故障导致的货厢超过行程运行，即只能保护由于部分电气故障导致的越程运行，而无法保护由于物理性质造成的超行程运行，如由于起升机构制动器失效、钢丝绳断裂、曳引绳打滑及制动力不足等造成的货厢超行程运行。

防越程保护开关一般都是由安装在货厢上的打板（撞杆）触动的，因此打板必须保证有足够的长度，在货厢整个越程的范围内都能压住开关，而且开关的控制电路要保证开关被压住（断开）时，电路始终不能接通。

第五节　缓　冲　器

缓冲器的功能是当简易升降机在运行过程中下坠时，吸收撞击力产生的冲击力，从而有效地保护和减轻由于撞击导致的设备损坏，是简易升降机撞底的缓冲保护，也是蹲底的最后保护。简易升降机的缓冲器安装在货厢的行程底部的极限位置，缓冲器下部有缓冲器支座，其高度设置需要符合一定的要求，如必须保证简易升降机底坑的空间要求，防止对在底坑作业的工作人员造成危险和伤害。即我国对缓冲器的制造是有着严格规定的。当货厢撞击缓冲器时，缓冲器应无永久变形。

目前在用的缓冲器主要分两类：①是蓄能型缓冲器，其种类有橡胶缓冲器、弹簧缓冲器和聚氨酯缓冲器；②是耗能型缓冲器，常见的是液压缓冲器。

（一）蓄能型缓冲器

蓄能型缓冲器又可分为线性蓄能缓冲器和非线性蓄能缓冲器。

1. 橡胶缓冲器（见图3-37）是一种高弹性、高韧性的橡胶类制品，其结构简单、使用范围广，但是吸能少、容易腐蚀风化，一般简易升降机上不使用。

2. 弹簧缓冲器

弹簧缓冲器（见图3-38）一般由缓冲橡胶、缓冲座、弹簧及底座等组成，用地脚螺

图3-37　橡胶缓冲器

栓固定在底坑基座上。对行程高度较大的弹簧缓冲器，为了增强弹簧的稳定性，在弹簧下部设有弹簧导套（见图3-38b），在弹簧中设导向杆。弹簧缓冲器的实物构

造图如图 3-39 所示。

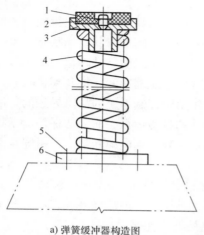

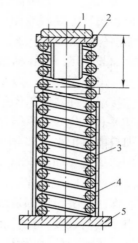

a) 弹簧缓冲器构造图
1—螺钉及垫圈 2—缓冲橡胶 3—缓冲座
4—弹簧 5—地脚螺栓 6—底座

b) 有弹簧导套的弹簧缓冲器
1—橡胶缓冲垫 2—上缓冲座
3—弹簧 4—弹簧导套 5—底座

图 3-38　弹簧缓冲器

图 3-39　弹簧缓冲器的实物

弹簧缓冲器是一种蓄能型缓冲器，因为弹簧缓冲器在受到冲击后，它能将货厢或对重的动能和势能转化为弹簧的弹性变形能（弹性势能）。由于弹簧的反力作用，在货厢或对重刚接触缓冲器的一段时间内会使货厢或对重得到缓冲、减速。但当弹簧压缩到极限位置后，弹簧要释放缓冲过程中的弹性势能，这会使货厢反弹上升。撞击速度越高，反弹速度越大，并反复进行，直至弹力消失、能量耗尽，简易升降机才会完全静止。正是由于弹簧缓冲器的特点是缓冲后存在回弹现象，存在着缓冲不平稳的缺点，所以弹簧缓冲器仅适用于低速设备。

3. 聚氨酯缓冲器

弹簧缓冲器属于线性蓄能缓冲器，聚氨酯缓冲器（见图 3-40）则属于非线性蓄能缓冲器。聚氨酯材料是典型的非线性材料，因其受力后在缓冲器内部存在摩擦阻尼，所以其变形有滞后性。聚氨酯材料是聚氨基甲酸酯的简称，它是一种新兴的有机高分子材料，被誉为"第五大塑料"。在聚氨酯缓冲器内部有很多微小的"气孔"，由于这些气孔的存在，缓冲器受到冲击时，它将货厢冲击的动能转化为热能释放出去，从而对货厢的冲击产生了较大的缓冲作用。

图 3-40　聚氨酯缓冲器

聚氨酯缓冲器在受到冲击时几乎没有反弹力的冲击，单位体积的冲击容量大，安装更换方便简单，制造成本低廉，但是其抗腐蚀老化性能差（见图 3-41），更换周期相对弹簧缓冲器和液压缓冲器要短。

图 3-41　老化腐蚀后的聚氨酯缓冲器

聚氨酯缓冲器由于其综合了弹簧缓冲器和液压缓冲器的优点，所以其在简易升降机中被大量使用。

缓冲器能在设备故障撞底时起缓冲作用，能减小撞击对设备的损坏，其缓冲能力根据设备的实际情况配置，如采用耗能型缓冲器，则必须设置检查缓冲器是否正常复位的电气装置。

一般情况下，缓冲器均设置在底坑内（见图 3-42），也有缓冲器设置在货厢、对重（平衡重）的底部并随之一同运行的，此时缓冲器作为货厢底部的最低部件，在货厢平层时就已经进入底坑空间，这将对在底坑作业的人员造成危险，所以应该在缓冲器的作用点上设置一个一定高度的障碍物，这个障碍物一般使用土建结构构成，使得即使缓冲器冲击时，在底坑工作的人员仍然有足够的空间容身，这也同时能让在底坑作业的人员提前知道哪些空间是存在撞击危险的。

对于简易升降机这类低速度运行的设备，缓冲器也可使用实体式缓冲块来代替，其材料可以是橡胶、木材或其他具有适当弹性的材料制成。实体式缓冲块也应该具有符合要求的强度和行程，应能承受具有额定载荷货厢（或者对重）以限速器动作时的下降速度冲击而无损坏和永久性变形。

图 3-42　底坑缓冲器的设置

（二）耗能型缓冲器

耗能型缓冲器一般指液压缓冲器。液压缓冲器（也称油压缓冲器）的优点是吸能较大、缓冲效果好、反弹力小及相同缓冲能力的行程较小，缺点是结构复杂、生产精度要求高、造价高、维修更换成本高，以及液压油路易泄漏、易出故障，液压油容易变质。

液压缓冲器主要由缸体、柱塞、缓冲橡胶垫、油位检测孔、缓冲器检测开关及复位弹簧等组成，其中缸体内注有液压油（缓冲器油）。

油孔柱式液压缓冲器（见图 3-43）的基本构件是缸体 10、柱塞 4、缓冲橡胶垫 1 和复位弹簧 3 等。缸体内注有缓冲器油 13。其工作原理是当油压缓冲器受到货厢和对重的冲击时，柱塞 4 向下运动，压缩缸体 10 内的缓冲器油，缓冲器油通过环形节流孔 14 喷向柱塞腔。当缓冲器油通过环形节流孔时，由于流动截面积突然减小，就会形成涡流，使液体内的质点相互撞击、摩擦，将动能转化为热量散发掉，从而消耗了简易升降机的动能，使货厢或对重逐渐缓慢地停下来。因此，液压缓冲器是一种耗能型缓冲器，它是利用液体流动的阻尼作用，缓冲货厢或对重的冲击。当货厢或对重（平衡重）离开缓冲器时，柱塞 4 在复位弹簧 3 的作用下向上复位，缓冲器油重新流回缸体，恢复正常状

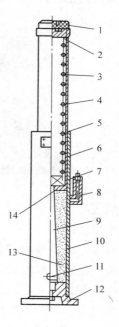

图 3-43　油孔柱式液压缓冲器
1—橡胶垫　2—压盖　3—复位弹簧　4—柱塞
5—密封盖　6—液压缸套　7—弹簧托座
8—注油弯管　9—变量棒　10—缸体
11—放油口　12—液压缸座　13—缓冲器油
14—环形节流孔

态。由于液压缓冲器是以消耗能量的方式实行缓冲的，因此无回弹作用，同时由于变量棒 9 的作用，当柱塞在下压时，环形节流孔的截面积逐步变小，能使货厢的缓冲接近匀减速运动。因此，液压缓冲器具有缓冲平稳的优点，在使用条件相同的情况下，液压缓冲器所需的行程比弹簧缓冲器减少 50%。

为了验证柱塞完全复位的状态，耗能型缓冲器上必须有电气安全开关，安全开关在柱塞开始向下运动时即被触动并切断简易升降机的安全电路，直至柱塞向上完全复位时开关才恢复接通。缓冲器油的黏度选择与缓冲器要承受的工作载荷有直接关系，一般要求采用有较低的凝固点和较高黏度指标的高速机械油。油的黏度越大，其液压缓冲器适用的简易升降机的吨位越大；反之越小。

图 3-44 所示为常见液压缓冲器的实物及结构图。

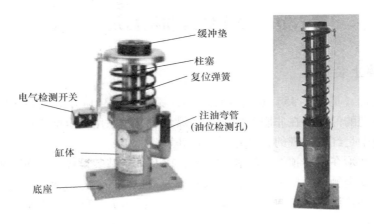

图 3-44　常见液压缓冲器的实物及结构图

液压缓冲器中的缓冲垫一般由橡胶制成，它可以避免撞击时货厢或对重的金属部分与缓冲器直接相撞，而柱塞和缸体一般由钢管制成，复位弹簧必须有足够的弹力使柱塞处于全部伸长位置。油位检测孔可以用来观察油位和加注液压油，缸体底部有放油孔，平时加油孔和放油孔必须用油塞塞紧，防止使用过程中因漏油而降低缓冲器的缓冲效果。

液压缓冲器中的电气检测开关的作用：当缓冲器柱塞发生故障时，有可能造成柱塞不能在规定的时间内回复到原来的全部伸长位置。如果不装设电气检测开关，来保证缓冲器柱塞回复到原来全部伸长位置才能运行简易升降机，那么等下次发生货厢蹲底冲击缓冲器时，柱塞因不在原来全部伸长位置，缓冲器的缓冲效果就达不到预期，甚至失效。

在正常情况下，在货厢（对重）发生蹲底冲击缓冲器的过程中，缓冲器的电气检测开关会动作，以切断简易升降机的控制电路；当货厢（对重）向上运行离开缓冲器时，缓冲器的柱塞会慢慢回复，等回复到全部伸长位置时，缓冲器开关会接通简易升降机的控制电路，简易升降机才能正常运行。若缓冲器柱塞无法回复到全部伸长位置，则简易升降机就不能运行，这样就保证了简易升降机在运行状态下，柱塞都处于全部伸长状态。缓冲器的电气检测开关可采用微动开关或行程开关，开关应动作可靠、反应灵活、反复动作复位性能好。但并不强制要求符合安全触点要求，这一点和极限开关有所不同。

缓冲器在安装位置上应固定可靠，耗能型缓冲器的液位应当正确，有验证柱塞复位的电气安全开关。根据安装的位置不同，缓冲器又可以分为货厢缓冲器和对重缓冲器。对于货厢缓冲器，一般安装在货厢底部或者货厢底坑的基座上；当货厢超载10%，并以限速器允许的最大速度向下冲底时，缓冲器能承受相应的冲击力。对重缓冲器则一般用于曳引式简易升降机。

第六节　停止装置和检修运行装置

一、停止装置

停止装置（见图3-45）也称急停开关，用于停止简易升降机并使简易升降机包括动力驱动的门保持在非服务的状态。停止装置应采用安全触点形式，它的动作部分在实物中是红色展现的，并标有"停止"字样。

按要求必须在货厢顶、底坑和滑轮间，以及各层站装设停止装置。停止装置必须符合电气安全触点的要求，并且是双稳态非自动复位的、误动作不能使其释放，即停止装置必须设置在不会出现误操作导致危险的地方。同时，误动作不能让简易升降机恢复运行。

停止装置通常设计成便于使用人员和维护保养人员的操作，因此多采用 GB 16754《机械安全　急停　设计原则》中规定的蘑菇型按钮，停止装置（如按钮）本身为红色。如果有背景的话，背景色一般是黄色。

图 3-45　停止装置

停止装置要求为双稳态，即不在外力作用下能独立保持动作和复位两种状态，主要目的是为了防止停止开关复位的误操作。通常在开关复位时，需要根据开关表面箭头的指示方向旋转半周复位，或者采用用力向外拉的形式。在图3-45所示的停止装置周围设置有防护，此防护的目的是为了防止误操作（误碰）而使停止装置动作，造成简易升降机突然停止运行。停止装置的防误操作一般只要求防止误操作复位的保护。

在底坑设置停止装置的必须确保当检修或维护人员在开门进入底坑时能伸手触及，通常应位于距底坑入口处不大于1m的易接近位置。在停止装置旁一般还设置有照明、插座等装置，插座可以是2P＋PE型或者以安全特低电压供电（当确认无须使用220V的电动工具时）的电源插座。货厢顶的停止装置宜面向货厢门，与货厢门的距离一般不大于1m。底坑的停止装置则安装在进入底坑可立即触及的地方；当底坑较深时，可以在下底坑的梯子旁和底坑下部各设一个串联的停止装置。

在简易升降机的正常运行和检修运行模式中，停止装置都是有最高优先级别的，优于其他所有功能。设置停止装置的目的是，当简易升降机发生危险运行时，可以人为地、快速有效地操作停止开关，防止发生危险。停止装置不能被用来代替其他安全保护措施和其他主要安全功能，而应设计为一种辅助安全措施。

二、检修运行装置

检修运行装置是为了方便简易升降机调试和维护保养而设置的。一般在机房和货厢顶部均有设置。在货厢顶部的检修运行装置必须是易于接近的。这个装置有一个能满足电气安全要求的检修运行开关，并且开关是双稳态的，同时还要满足以下条件：

1）一经进入检修运行，应取消正常运行。只有通过再一次操作检修转换开关，才能使简易升降机重新恢复正常运行。

2）货厢的运行应依靠持续按压按钮，此按钮应有防止误操作的保护，并应清楚地标明运行方向。

3）货厢的运行仍然依靠安全装置。

检修运行装置包括一个运行状态转换开关、操纵运行的方向按钮和一个停止装置，该装置也可以与能防止误动作的特殊开关一起从货厢顶控制门的开、关（手动开关门的除外）。

图3-46和图3-47所示为常见的检修控制装置。图3-46所示为可移动式的检修运行装置，它通过一个专用接口与控制系统连接，为方便移动做成了便携式。图3-47所示为固定式的检修运行装置，其一般固定在货厢顶的横梁上，上面一般同时设置有急停开关、照明装置和插座，在简易升降机上比较多见。另外一种是机房的检修运行装置，其一般与控制柜做成一体，在控制柜外部就可以实现操作。

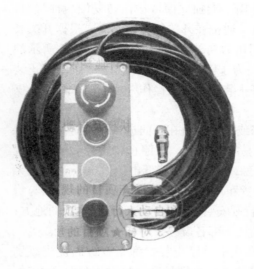 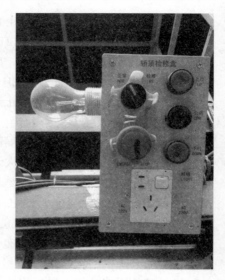

图 3-46 可移动式的检修运行装置　　　　图 3-47 固定式检修运行装置

检修运行装置可以采用以下方式之一来防止误操作：

1）开关按钮周围有护圈，动作点低于护圈的平面，即一般情况下无法随意触碰并按压到运行按钮。

2）要同时进行两个动作才能完成检修运行的操作，如按压加旋转。

3）其他能防止因脚踩、碰撞等导致误动作的合理方式。

检修运行装置都有一个双位置的检修/正常运行转换开关、一个双稳态的停止开关，以及上、下行按钮。上、下行按钮应当能防止非意愿操作，如对于凸起的开关应有防止误操作的防护圈，或者要同时按一个公共按钮才能起动。

第七节　液压管路限流或切断装置

一、节流阀

节流阀是最基本的流量控制阀。当油液流经小孔、狭缝或毛细管时，会产生较大的液阻，流通的面积就越大，那么油液受到的液阻就越大，通过阀口的流量就越小。所以，通过改变节流口的通流面积，使液阻发生变化，就可以调节流量的大小。

节流阀是普通节流阀的简称，其节流口采用轴向三角槽形式，普通节流阀如图 3-48 所示。压力油从进油口 P_1 流入，经阀芯 3 左端的节流沟槽从出油口 P_2 流出。转动手柄 1，通过推杆 2 使阀芯 3 做轴向移动，可改变节流口通流断面面积，实现流量的调节。弹簧 4 的作用是使阀芯向右抵紧在推杆上。这种节流阀结构简单、制造容易、体积小，但负载和温度的变化对流量的稳定性影响较大，因此只适于负载和温度变化不大，或对执行机构速度稳定性要求较低的液压系统。

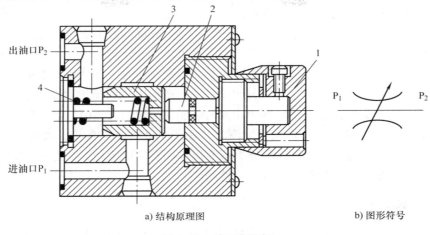

a) 结构原理图　　　　　　　　　　　b) 图形符号

图 3-48　普通节流阀

1—手柄　2—推杆　3—阀芯　4—弹簧

　　单向节流阀如图 3-49 所示。从工作原理来看，单向节流阀是节流阀和单向阀的组合，在结构上是利用一个阀芯同时起节流阀和单向阀的两种作用。当压力油从油口 P_1 流入时，油液经阀芯上的轴向三角槽节流口从油口 P_2 流出，旋转手柄可改变节流口通流断面面积大小而调节流量。当压力油从油口 P_2 流入时，在油压作用力作用下，阀芯下移，压力油从油口 P_1 流出，起单向阀作用。

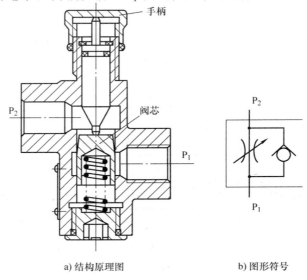

a) 结构原理图　　　　　　　　b) 图形符号

图 3-49　单向节流阀

节流阀是利用油液流动时的液阻来调节阀的流量的，其产生液阻的方式：①是薄壁小孔、缝隙节流，造成压力的局部损失；②是细长小孔（毛细管）节流，造成压力的沿程损失。实际上，各种形式的节流口是介于两者之间，一般希望在节流口通流断面面积调好后，流量稳定不变，但实际上流量会发生变化，尤其是当流量较小时变化更大。影响节流阀流量稳定的因素主要有节流阀前后的压力差、节流口的形式和节流口的堵塞。当节流口的通流断面面积很小时，在其他因素不变的情况下，通过节流口的流量不稳定（周期性脉动），甚至出现断流的现象，称为堵塞。液压系统压力损失的能量通常转换为油液的热能，油液的发热会使油液黏度发生变化，导致流量系数 K 变化，而使流量变化。由于上述因素的影响，使用节流阀调节执行元件的运动速度，其速度将随负载和温度的变化而波动。在速度稳定性要求高的场合，则要使用流量稳定性好的调速阀。

二、破裂阀

破裂阀又称限速切断阀，它是一种超流量自动切换的阀装置，主要由阻尼器和切断阀组成。破裂阀是液压系统中重要的安全装置，当油管破裂或发生其他情况时，使负载依靠自身重力的作用而超速下落，自动切断油路，使油缸里的油不外泄而制止负载下落。

阻尼器是流量的检测机构，主要用来检测流量的剧增，并将流量的信号转换为压差信号，而切断阀则是靠这个压差来克服弹簧力推动阀芯运动，从而切断油路。

如图 3-50 所示，阀芯上端通过节流器 3 与 B 口相通，下端与 A 口相通。由于阀中部的过流断面较小，因此它可以作为流量－压力转换器件，当液流从 A 流向 B 时，B 口的压力随流量的增加而明显下降，从而使阀芯 5 向右移动，将阀口关小；当流量再增大时，阀芯会完全关闭而切断液流，节流器可以用来调节阀芯的运动阻尼。当油液反向流动时，破裂阀没有限流作用。

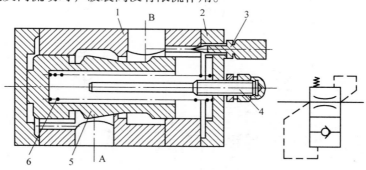

图 3-50　破裂阀结构图

1—阀体　2—阀套　3—节流器　4—调节杆　5—阀芯　6—弹簧

常见破裂阀的结构形式如图 3-51 所示。

1）图 3-51a 所示为切断器和阻尼器分体式结构。切断阀 1 为滑阀式,靠滑阀间隙密封,只适于低、中压工况。阻尼器 2 在单向阀 3 上,仅起单向阻尼作用,以减少阻力损失。

2）图 3-51b 所示为切断阀和阻尼器一体式结构,阻尼器 2 在切断阀 1 阀芯上,切断阀为锥形阀,密封性好,可用于中、高压工况。

3）图 3-51c 所示为切断阀的阀口兼作阻尼器结构,阀口开度可调。

4）图 3-51d 由图 3-51c 派生,结构较后者多一个小柱塞 2 和阻尼孔 d_2,作用是当管道发生意外爆破后,p_2 骤然下降,阀芯 1 下移;当小柱塞 2 堵住 d_1 孔时,阀下腔油液只能由孔 d_2 排出,形成阻尼,使锥阀口逐渐关闭,装置缓慢停下。

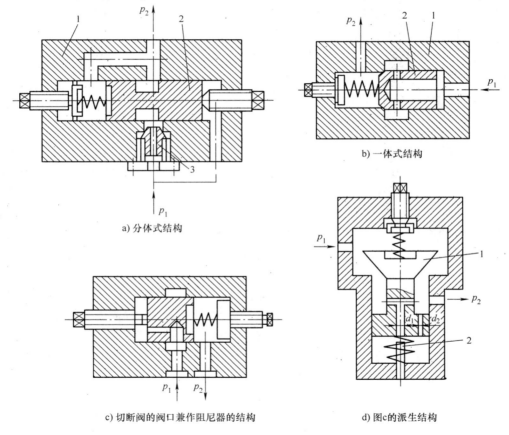

a) 分体式结构

b) 一体式结构

c) 切断阀的阀口兼作阻尼器的结构

d) 图c的派生结构

图 3-51　常见破裂阀的结构型式

三、液压管路限流或者切断装置的设置要求

直接作用液压式简易升降机应设置限流或切断装置或措施,当液压管路发生爆裂、严重泄漏时,能有效防止货厢超速和坠落。限流或切断装置应与液压缸刚性

连接。

液压管路和附件应妥善固定便于检查；当液压管路（不论硬管还是软管）穿过墙或地面时，应使用套管保护，套管的尺寸大小应能在必要时拆卸，以便进行检修；套管内不应有管路接头；液压管路和电气线路应安装在管道或线槽中，或专门预留的管槽中。

第八节　超载保护装置

超载运行会对简易升降机整个的设备结构造成很大影响，长期超载运行会导致起升机构的钢丝绳加速磨损，甚至断丝、断股，使简易升降机货厢主体受力结构受到影响，甚至变形。超载保护装置是防止简易升降机超过额定起重量运行的装置，当达到额定起重量的 110% 及以上时，超载保护装置会切断动力电源，使简易升降机停止运行。

一、超载保护装置的形式

超载保护装置也称起重量限制器，常见的有机械式和电子式。

超载保护装置主要是由传感器和控制器两部分组成，它将简易升降机的载重情况转换成信号传递给控制器，控制器对数据进行分析处理。即如果超载，内部继电器动作，切断控制回路电源，达到简易升降机不能起动运行的目的；同时，它还具备报警功能。按传感器的安装形式分类，超载保护装置主要有五种：吊钩式超载保护装置、轴承座式超载保护装置、定滑轮式超载保护装置、钢丝绳张力式超载保护装置和绳头感应式超载保护装置。

（一）吊钩式超载保护装置

吊钩式超载保护装置的安装形式的有直接显示式、调频发射式和分离式三种。直接显示式是将吊钩、传感器、大屏幕显示器做成一体，装在简易升降机的吊钩上。调频发射式是将传感器信号经过调频后发送到接收装置，由接收装置把信号还原，再进行控制和显示。分离式则通过电线电缆把传感器信号传给接收端，经过处理和运算后进行控制和显示。

（二）轴承座式超载保护装置

传感器采用双剪切梁式或圆柱式，配上专用的附件，组成一个轴承座，安装在钢丝绳卷筒非减速器一侧。但此类形式较少在简易升降机中使用。

（三）定滑轮式超载保护装置

定滑轮式超载保护装置有两种安装形式：①是由一套托板支架将定滑轮略微抬起，使安装在支架上的传感器承受载荷；②是把传感器压进一根定滑轮轴的一端，用这根轴替换原来的定滑轮轴。

（四）钢丝绳张力式超载保护装置

钢丝绳张力式超载保护装置（见图 3-52）把传感器安装在钢丝绳上，通过检测钢丝绳的张力来反映载荷。这种形式在强制式简易升降机中比较常见，它具有安装方便、检测精度高的优点。

（五）绳头感应式超载保护装置

绳头感应式超载保护装置（见图 3-53）在曳引式简易升降机中比较常见。它通过载重后钢丝绳绳头弹簧的收缩行程，经计算机转化为载重数据进行分析判断。

二、BCQ－GL 型起重量限制器

BCQ－GL 型起重量限制器是钢丝绳张力式超载保护装置。它能够直观地显示起吊重物的质量，并具有预警、报警、切断简易升降机电源以阻止简易升降机超载运行的功能。

图 3-54 所示为 BCQ－GL 型起重量限制器的工作原理框图。

图 3-52　钢丝绳张力式超载保护装置

图 3-53　绳头感应式超载保护装置

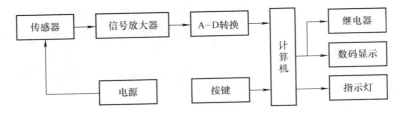

图 3-54　BCQ－GL 型起重量限制器的工作原理框图

BCQ - GL 型起重量限制器一般安装在靠近电动葫芦等起升机构处的钢丝绳上（见图 3-55）。

BCQ - GL 型起重量限制器由传感器和控制器两大部分组成。当简易升降机货厢载货时，载重量会通过传感器转换成电信号输出，经过内置的仪表转换成数字量，并经外部的数码管进行显示。同时，传感器输出的信号，经过内置的微处理器进行计算，将得出数字和设置的载重量值进行比较，然后通过控制器实现预警、报警和切断运行电源。对于此类起重量限制器，一般出厂前均已按技术标准进行调试和校准，现场安装时一般不需要进行再次调试，故便于安装和更换。BCQ - GL 型起重量限制器的工作温度在 $-20 \sim 60℃$。

图 3-55　BCQ - GL 型起重量限制器的安装位置

第九节　机械设备的防护装置

简易升降机中的机械设备防护主要指简易升降机在运行的情况下，当人员接近简易升降机，或者人员进入简易升降机的货厢、货厢顶、机房、底坑等部位时，发生的由于简易升降机运行导致的机械损伤的保护措施。

机械设备防护中的防护罩一般称为防咬入防护，即防止人的手指等在钢丝绳进入绳轮处被咬入。图 3-56 所示为一种最简单的曳引轮防咬入防护，这个避免人身伤害中的防咬入防护，即在钢丝绳进入绳轮处外侧加设防护挡板，就能达到防咬入目的；但应注意防护挡板的安装位置是否适当。虽然某些防护方式也是符合规定的，如图 3-56 所示，但该防护挡板的安装位置不正确，仍存在咬入手指的风险。

图 3-56　仍存在咬入手指风险的防护装置

曳引式简易升降机中常见的防护如下：

1）货厢顶上的防咬入防护装置（见图 3-57）。因为货厢顶上的反绳轮防护设置要求为：①防伤人；②防脱；③防入异物。因此图 3-57 所示的防护装置明显达不到防咬入异物目的。

图 3-57 货厢顶上的防咬入防护装置

2）货厢底的反绳轮防护的设置要求（见图 3-58）：①防伤人；②防脱；③防咬入异物。

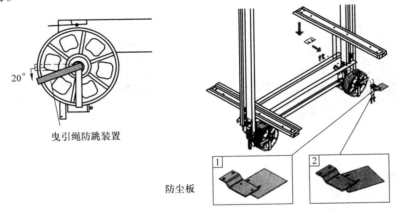

图 3-58 货厢底的反绳轮防护

3）机房内曳引轮防护的设置要求（见图 3-59）：①防伤人；②防脱。

4）机房内导向轮防护的设置要求：①防伤人；②防脱。安装机房曳引机承重梁下的导向轮，经常缺少最低限度，应做咬入防护（见图 3-60）。

5）如果所采用将整个曳引轮完全罩住的设计方案（见图

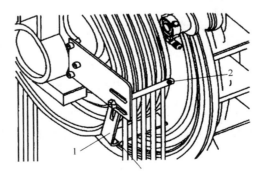

图 3-59 机房内曳引轮的防护

3-61），所采用的防护装置应能见到旋转部件且不妨碍检查与维护工作。若防护装置是网孔状，则其孔的尺寸应符合相关的要求。

图 3-60　缺少防咬入防护

图 3-61　曳引轮的整体防护

简易升降机中发生机械伤害的部位主要是电动葫芦的飞轮、滑轮、货厢顶部和对重的反绳轮，传动轴上突出的销、钉、齿轮、链轮、传动带，钢丝绳、钢条和钢带，以及电动机尾部伸出的转动轴尾部等。对于采用甩球式限速器的简易升降机，其限速器部分也应该有防护网或罩。限速器的防护罩如图 3-62 所示，张紧轮的防护罩如图 3-63 所示。

图 3-62　限速器的防护罩

图 3-63　张紧轮的防护罩

对于曳引轮、滑轮和链轮，应有一个能防止悬挂绳或链轮松弛时脱离绳槽或链轮的装置。在滑轮罩的侧板和圆弧顶板等处与滑轮本体的间隙不应超过钢丝绳公称直径的 50%。在货厢顶部，由于有检修人员的进入，则应该设置护栏。机械设备的防护装置的另外一个作用就是防止异物进入齿轮和齿条的啮合区间，滑轮的防护罩如图 3-64 所示。

对于曳引式简易升降机，由于采用了对重（平衡重），在曳引比为2∶1等情况下会存在对重的反绳轮，那么此反绳轮也应该进行防护（见图3-65）。

图 3-64　滑轮的防护罩

图 3-65　对重（平衡重）反绳轮的防护罩

对于强制式简易升降机，其主机部分的防护主要表现在电动葫芦尾部电动机飞轮的防护及传动齿轮处的防护（见图3-66）。

图 3-66　电动葫芦防护罩

第十节　电气保护装置

简易升降机的控制程序中应具备时间保护功能及安全保护功能，如层楼之间的时间保护、全程运行保护功能、故障报警功能及故障显示功能等。

一、触电防护

简易升降机是通过电力驱动的设备，而人体是导体，当人体接触设备的带电部分时就会有电流流过人体而发生危险。机房内的电气设备应设置防护罩壳以防止直接触电，其防护等级不低于 IP2X。IP（外壳）防护等级中的第一位特征数字表示对触电与外界硬物的侵入的防护，2 代表直径为 12.5mm 的球形物体无法透过产品空隙；第二位特征数字表示防水等级，X 和 0 均表示无防护。

（一）直接触电的防护

绝缘是防止发生直接触电和电气短路的基本措施。要求导体之间和导体对地之间的绝缘电阻必须大于 1000Ω/V，并且动力电路和安全电路不得小于 0.5MΩ；其他照明、控制、信号等电路不得小于 0.25MΩ。机房、滑轮间、底坑和货厢顶的各种电气设备必须有罩壳，所有电线的绝缘外皮必须伸入罩壳，不得有带电金属裸露在外。罩壳的外壳防护等级应不低于 IP2X，可防止直径大于 12.5mm 的固体异物进入，也就是手指不能伸入。

控制电路和安全电路导体之间以及导体对地的电压等级应不大于 250V。机房、滑轮间、货厢顶、底坑应有安全电压的插座，由不受主开关控制的安全变压器供电，其电源与线路均应与简易升降机其他供电系统和大地隔绝。

（二）间接触电的防护

间接触电指人接触正常时不带电而故障时带电的电气设备外露的可导电部分，如金属外壳、金属线管、线槽等发生的触电。在电源中性点直接接地的供电系统中，常用的防止间接触电的防护措施是将故障时可能带电的电气设备外露可导电部分与供电变压器的中性点进行电气连接。当电气设备发生绝缘损坏和导体搭壳等故障时，通过与变压器中性点之间的电气连接和相线形成故障回路，在故障电流达到一定值的情况下，使串在回路中的保护装置动作，切断故障电源，达到防止发生间接触电的目的。

外露可导电部分与变压器中性点的电气连接一般有两种，一种是通过大地，称为"接地"；一种是直接由金属导线连接，一般称为"接零"。我国城镇的供电一般都是"TN"系统。"T"即变压器副边的中性点直接按地，"N"为系统内的电气设备外露可导电部分应与中性点直接（通过导线）连接，故均应"接零"而不应单独"接地"。

TN 系统一般有三种形式，即 TN－C、TN－S 和 TN－C－S 系统。如图 3-67～图 3-69 所示。

TN－C 系统即常见的三相四线制，由三根相线和一根 PEN 线组成。PEN 线实际是将 N 线（中线）和 PE 线（保护线）合二为一，一般在对保护要求不高的场所可以采用 TN－C 系统，将电气设备外露可导电部分与 PEN 线相接。当发生设备外露可导电部分带电时，电流从 PEN 线回到变压器中性点，构成故障回路，但

PEN 线在系统三相不平衡和只有单相用电器工作时，会有电流通过，并对地呈现一定的电压，该电压将会反馈到正常运行的接有 PEN 线的设备外露可导电部分。

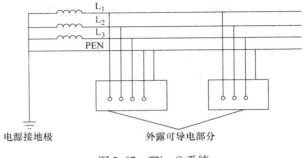

图 3-67　TN－C 系统

TN－S 系统即常称的三相五线制、由三根相线、一根中线（N）和一根保护线（PE）组成。电气设备外露可导电部分与 PE 线相接。由于 PE 线是专用保护线，正常运行时 PE 线没有电流，而且在用电设备之前也不可能误安装可使其断开的装置，所以安全保护性能较好。

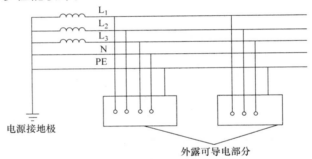

图 3-68　TN－S 系统

TN－C－S 系统是 TN－C 和 TN－S 两者的混合系统。我国供电大部分是 TN－C 系统，而且供电是区域性的，当单为一两台简易升降机再另加一根 PE 线比较困难时，可以采取 TN－C－S 系统，即在 TN－C 系统进入机房后，在总开关箱处，即图 3-69 中所示的 A 点将 PEN 线分成 N 线和 PE 线。N 线供简易升降机的单相用电设备使用，PE 线用于连接所有电气设备的处露可导电部分。

简易升降机应首先采用 TN－S 系统，在有困难时可以采用 TN－C－S 系统，但不能采用 TN－C 系统，更不能在中性点接地的 TN 供电系统中采用单独的接地保护。

PE 线的连接不能串联，应将所有电气设备的外露可导电部分单独用 PE 线接到控制柜或电源柜的 PE 总接线柱上。PE 线应用黄绿双色的专用线，截面一般应等于被保护设备电源线中性线的截面。PE 线的连接必须可靠。在金属线管或线槽

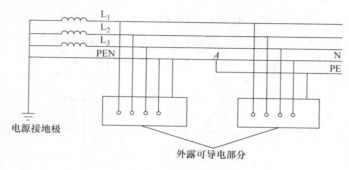

图 3-69　TN – C – S 系统

的连接处应做电气连接处理，分布在线管或线槽以外、可能受振动的 PE 线可采用绞线，并妥善固定。

当采用 TN – S 或 TN – C – S 系统时，为了增加保护的可靠性，还应进行重复接地，也就是将接地线与 PE 线的总接线柱连接，而且要求接地线的接地电阻不大于 10Ω。当采用 TN – C – S 系统时，还必须确认在机房以外的 PEN 线上没有装设可能断开 PEN 线的电气装置。

PE 线只是在电气设备发生绝缘损坏、搭壳等故障时，提供一个阻抗较小的故障回路，要切断故障电源还必须靠自动切断装置。一般是利用电路的短路保护装置，即熔断器或自动空气断路器（空断开关），在故障电流的作用下切断故障电源。为防止间接触电和避免触电者发生严重的伤害，IEC 标准要求固定电气设备发生故障应在 5s 内切断故障电流，而移动电器或手持电器则要求在 0.05s 内切断故障电流。因此，必须使空断开关和熔断器的瞬时动作电流不大于故障电流。若做不到这一点就要采取其他措施，如加装漏电保护装置以保证保护系统的可靠性。

简易升降机电气设备的金属外壳及非带电金属结构均应接地，接地电阻不小于 0.5MΩ，且接地线必须为黄绿双色绝缘电线。

保护接地就是把电气设备的金属外壳、框架等与大地可靠地连接，其要求如下：

1）正常情况下，电气设备不带电的外露可导电部分直接与供电电源保护接地线连接；保护接零就是在电源中性点接地的低压系统中，把电气设备的金属外壳、框架与中性线相连接。

2）简易升降机上所有电气设备外壳、金属导线管、金属支架及金属线槽均根据配电网情况进行可靠接地（保护接地或者保护接零）。

3）供电电源自进入机房或者机器设备间起，中性线（N）与保护线（PE）应当始终分开，所有电气设备及线管、线槽的外露可导电部分应当与保护线（PE）可靠连接。

4）当电网电压不大于 1000V 时，在电路与裸露导电部件之间施加 500V（d.c）测得的绝缘电阻不能小于 1MΩ。

5）电气设备的金属外壳及金属结构的接地形式应采用 TN－S 或 TN－C－S，接地线应采用黄绿双色绝缘电线。易于意外带电的部件与总电源接地端的联通性能要良好，接地线应分别直接接至接地线柱上，不得互相串接后再接地。

二、其他电气保护

（一）失电压、欠电压保护

当简易升降机在行驶中突然出现无电压或电压过于降低的现象时，应立即切断电源，使简易升降机停止运行；当电压恢复正常时，电动机不会自行起动，必须在专职人员重新操作简易升降机时才会开始继续运行，这种失电压、欠电压保护，在简易升降机控制电路中采用继电器、接触器进行保护。

（二）短路保护

当简易升降机各电路中发生电路短接，或带电导体与金属外壳短路时会自动切断电路。以防止电气事故发生，确保人身安全。简易升降机中的短路保护主要采用熔断器，总电源有熔断器，各分支电路也都装有熔断器。在直流曳引电动机中也常用瞬时动作过电流继电器进行保护。

选择熔断器时，不宜太大也不能太小，太大起不了保护作用，太小使电流一超过就熔断，影响简易升降机的正常工作。一般取熔丝额定电流等于 1.5 倍电路额定电流，电动机可取为 1.5～2.5 倍电动机额定电流值。

（三）过载保护

简易升降机过载运行到一定时间，能把电源切断，防止电动机因长期过载而损坏。简易升降机常采用手动复位的热继电器过载保护，当简易升降机过载运行后，热继电器中的元件因电流增加而温度上升，使其中双金属片弯曲；过载运行一段时间，热元件温度越来越高，双金属片弯曲到推动连杆，将简易升降机热继电器中的常闭触头打开，控制电源被切断，简易升降机就因失电而停止运行，电动机得到了保护。要恢复使用，必须待热继电器降温后用手动方法将热继电器常闭触头复位，简易升降机即可重新起动。

（四）断错相保护

GB 28755—2012 中对断错相的要求是，当外电源发生错相和缺相会引起危险时，应设置错相和缺相保护，所以断错相并不是都必须要设置的。当错相和缺相会引起危险时，才必须装设错相和缺相保护。断错相保护是否有效，一般采用通电实验方法，断开供电电源任意一根相线或者将任意两相线换接，检查有断错相保护的简易升降机供电电源的断错相保护是否有效，总电源接触器是否断开。图 3-70 所示为常见的断错相保护装置。

当供给简易升降机的三相电源出现相位颠倒或有一相断开时，即把简易升降机控制电源切断，简易升降机就无法起动。简易升降机常用相序继电器进行相序和断相保护。当发生相位颠倒或断相时，相序继电器能将控制电源切断，同时点亮红色指示灯。图 3-70 中所示的断错相保护装置一般的接线是一端三根线，另外一端两根线。

（五）电动机的保护

简易升降机中的电动机必须具有下列一种以上（含一种）的保护功能（电动葫芦除外），具体选用哪一种由电动机及其控制方式确定。

1）瞬动或者反时限动作的过电流保护，其瞬时动作电流整定值应当约为电动机最大起动电流的 1.25 倍。

2）在电动机内设置热传感元件。

3）热过载保护。

（六）安全触点

安全触点的动作应由短路装置将其可靠地断开，甚至两个触点熔接在一起也应断开。

图 3-70　常见的断错相保护装置

当所有触点的断开元件处于断开位置且在有效行程内时，动触点和施加驱动力的驱动机构之间无弹性元件（如弹簧）施加作用力，即为触点获得了可靠的断开。安全触点的设计应尽可能减少由于部件故障而引起的短路危险。

如果安全触点防护外壳的防护等级高于 IP4X，安全触点应能承受 250V 的额定绝缘电压；如果防护外壳的防护等级低于 IP4X，则应能承受 500V 的额定绝缘电压。

如果安全触点防护外壳的防护等级低于 IP4X，则其电气间隙不应小于 3mm，爬电距离不应小于 4mm，触点断开后的距离不应小于 4mm；如果保护外壳的防护等级高于 IP4X，则其爬电距离可降至 3mm。

对于多分断点的情况，触点断开后，触点分开的距离不应小于 2mm。

导电材料的磨损，不应导致触点短路。

安全触点应是在 GB 14048.5 中规定的下列类型：

1）AC-15，用于交流电路的安全触点。

2）DC-13，用于直流电路的安全触点。

当安全触点动作时，应防止简易升降机驱动装置起动或立即使其停止运转，制动器的电源也应被切断。

第四章 简易升降机相关法律法规

第一节 法律法规标准体系

一、体系的形成

改革开放以来，国家出台了一系列强化特种设备监督和管理、促进特种设备行业发展的政策。这些政策的制定，确定了安全监察机构的监督职能，规范了特种设备的生产（包括设计、制造、安装、改造、修理）、经营、使用、检验和检测等环节的行为，明确了各方面的责任和违法处罚的原则。从而遏制了恶性事故的发生，达到降低事故率的目的；有效地保护了国家和人民的财产和生命安全。

建立并完善特种设备安全监察法规标准体系，其目标是实现特种设备依法监管，反映市场经济的要求，促进资源优化配置的市场趋向；反映科学发展的要求，代表科技进步的水平；反映境内外统一的要求，与国际通行做法接轨，统一境内外许可监督管理和安全性能检验工作。在法律制度上，要解决五个方面的问题：一是以法律为总纲，调整特种设备安全各方面关系，明确各方面责任，解决安全监察工作法律地位问题；二是以条例为依据，解决安全监察制度的建立问题；三是以规章为管理要求，解决安全监察工作程序问题；四是以安全技术规范为准则，解决特种设备安全性能基本要求问题；五是以标准为基础，解决特种设备安全监察技术支持问题。

特种设备法规规范体系是特种设备安全法制建设的基础，是依法行政的必要前提。国家通过特种设备的法规规范，提出特种设备的安全性能要求、安全管理要求和安全监察要求。

特种设备法规规范体系由法律、行政法规、部门行政规章、安全技术规范及引用标准五个层次构成，如图4-1所示。

二、法律

法律由全国人大通过，以中华人民共和国主席令的形式公布。现行法律中涉及

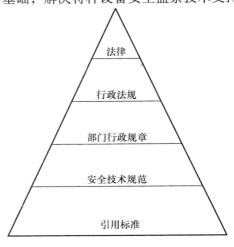

图4-1 特种设备法规规范体系的构成

特种设备安全和节能工作的主要有《特种设备安全法》《中华人民共和国安全生产法》《中华人民共和国劳动法》《中华人民共和国产品质量法》《中华人民共和国商品检验法》《中华人民共和国行政许可法》和《中华人民共和国节约能源法》等。

三、行政法规

行政法规包括行政法规和地方性法规。行政法规是由国务院制定的规范性文件的总称，如《特种设备安全监察条例》《国务院关于特大安全事故行政责任规定》等。地方性法规由省、自治区、直辖市及有立法权的较大城市人大制定，即一些地方的"特种设备安全管理条例""劳动保护条例""劳动安全监察条例"等，如浙江省制定了《浙江省特种设备安全管理条例》。

四、部门行政规章

部门行政规章包括国务院部门行政规章和地方行政规章（省、自治区、直辖市的人民政府规章）。国务院部门行政规章是以国务院行政部门首长（如国家质检总局局长）令的形式颁布的、行政管理内容较突出的规范性文件（相关办法、规定），如《特种设备质量监督与安全监察规定》（国家质量技术监督局令第 13 号 2000 年 10 月 1 日起施行）、《特种设备作业人员监督管理办法》（中华人民共和国国家质量监督检验检疫总局令第 70 号 2005 年 7 月 1 日起施行）、《起重机械安全监察规定》（中华人民共和国国家质量监督检验检疫总局令第 92 号 2007 年 6 月 1 日起施行）、《特种设备事故报告和调查处理规定》（中华人民共和国国家质量监督检验检疫总局令第 115 号 2009 年 7 月 3 日起施行）。地方行政规章指由省、自治区、直辖市和较大市的人民政府制定的规范性文件（相关办法规定）。

五、安全技术规范

安全技术规范是系列特种设备安全技术规范的简称。特种设备安全技术规范（TSG）指国家质量监督检验检疫总局依据《特种设备安全监察条例》，对特种设备的安全性能，以及相应的设计、制造、安装、改造、维修、使用和检验检测等活动制定、颁布的强制性规定。安全技术规范是特种设备法规规范体系的重要组成部分，其作用是把与特种设备有关的法律、法规和规章的原则规定具体化。安全技术规范通常包括各类大纲、规程、规则、导则、细则、技术要求，如《起重机械型式试验规程（试行）》（国质检锅【2003】305 号）、TSG 08《特种设备使用管理规则》、TSG Q0002《起重机械安全技术监察规程——桥式起重机》、TSG Q7008《升降机型式试验细则》、TSG Q7015《起重机械定期检验规则》、TSG Q7016《起重机械安装改造重大修理监督检验规则》、TSG Z0004《特种设备制造、安装、改造、维修质量保证体系基本要求》及 TSG Z6001《特种设备作业人员考核规则》等。

六、引用标准

标准是为在一定范围内获得最佳秩序，对活动或其结构规定共同的和重复使用的规则、导则或特性的文件，该文件经协商一致并经一个公认的机构批准。标准是特种设备安全技术规范的技术基础，由标准化组织制定。

根据《中华人民共和国标准化法》的规定，我国的标准分为国家标准、行业标准、地方标准、团体和企业标准四级，各级标准的对象、适用范围、内容特性要求和审批权限，由有关法律、法规和规章做出规定。

在我国，在一定范围内通过法律、行政法规和手段强制执行的标准是强制性标准，其他标准是推荐性标准。根据《国家标准管理办法》和《行业标准管理办法》，下列标准属于强制性标准：①药品、食品卫生、兽药、农药和劳动卫生标准；②产品生产、储运和使用中的安全劳动标准；③工程建设的质量、安全、卫生等标准；④环境保护和环境质量方面的标准；⑤有关国计民生方面的重要产品标准等。目前，国际上大多采用自愿性标准体系，强制性标准和推荐性标准共存是我国标准体系的一个突出特点，也正是这一点，使得法规和标准间的关系更加复杂。

引用标准主要指安全技术规范中引用的标准，引用标准主要为国家标准和行业标准。安全技术规范与引用标准的关系如下：

1）安全技术规范是强制性，标准被安全技术规范引用后其引用部分即是强制的。

2）安全技术规范是提出特种设备安全要求的主体，标准被引用形成对安全技术规范的补充，并成为安全技术规范的组成部分。

目前，与起重机械有关的标准包括起重机械产品标准、材料标准、性能标准、检测方法标准等共有100余项，与升降机有关的标准主要有：GB/T 3811—2008《起重机设计规范》、GB 6067.1—2010《起重机械安全规程》、GB/T 10054—2005《施工升降机》、GB 10054.1—2014《货用施工升降机　第1部分：运载装置可进人的升降机》、GB 28755—2012《简易升降机安全规程》、JB/T 9229—2013《剪叉式升降工作平台》、GB/T 27547—2011《升降工作平台　导架爬升式工作平台》、JB/T 5320—2000《剪叉式升降台　安全规程》。

第二节　简易升降机的相关法律法规节选

上述法律、法规、安全技术规范都是针对特种设备的生产（包括设计、制造、安装、改造、修理）、经营、使用、检验、检测和监督管理等环节的具体规定，本节摘录了部分法律法规标准中针对特种设备使用单位安全管理的部分条款，按特种设备的生产、经营、使用、检验检测和监督管理等环节的规定进行分类，以便于特种设备安全管理人员能够迅速地了解特种设备安全管理的主要内容。

一、特种设备的生产

1.《中华人民共和国安全生产法》节选

《中华人民共和国安全生产法》是为了加强安全生产监督管理，防止和减少生产安全事故，保障人民群众生命和财产安全，促进经济发展而制定。由全国人大于2002年6月29日通过公布，自2002年11月1日起施行。2014年8月31日由全国人大通过修改《中华人民共和国安全生产法》的决定，并自2014年12月1日起施行。第二条　在中华人民共和国领域内从事生产经营活动的单位（以下统称生产经营单位）的安全生产，适用本法；有关法律、行政法规对消防安全和道路交通安全、铁路交通安全、水上交通安全、民用航空安全以及核与辐射安全、特种设备安全另有规定的，适用其规定。

2.《中华人民共和国特种设备安全法》节选

《中华人民共和国特种设备安全法》已由中华人民共和国第十二届全国人民代表大会常务委员会第三次会议于2013年6月29日通过，予以公布，自2014年1月1日起施行。《中华人民共和国特种设备安全法》涉及特种设备生产有关条款摘录如下：

第八条　特种设备生产、经营、使用、检验、检测应当遵守有关特种设备安全技术规范及相关标准。

特种设备安全技术规范由国务院负责特种设备安全监督管理的部门制定。

第十三条　特种设备生产、经营、使用单位及其主要负责人对其生产、经营、使用的特种设备安全负责。

特种设备生产、经营、使用单位应当按照国家有关规定配备特种设备安全管理人员、检测人员和作业人员，并对其进行必要的安全教育和技能培训。

第十五条　特种设备生产、经营、使用单位对其生产、经营、使用的特种设备应当进行自行检测和维护保养，对国家规定实行检验的特种设备应当及时申报并接受检验。

第十九条　特种设备生产单位应当保证特种设备生产符合安全技术规范及相关标准的要求，对其生产的特种设备的安全性能负责。不得生产不符合安全性能要求和能效指标以及国家明令淘汰的特种设备。

第二十三条　特种设备安装、改造、修理的施工单位应当在施工前将拟进行的特种设备安装、改造、修理情况书面告知直辖市或者设区的市级人民政府负责特种设备安全监督管理的部门。

第二十四条　特种设备安装、改造、修理竣工后，安装、改造、修理的施工单位应当在验收后三十日内将相关技术资料和文件移交特种设备使用单位。特种设备使用单位应当将其存入该特种设备的安全技术档案。

第二十五条　锅炉、压力容器、压力管道元件等特种设备的制造过程和锅炉、压力容器、压力管道、电梯、起重机械、客运索道、大型游乐设施的安装、改造、重大修理过程，应当经特种设备检验机构按照安全技术规范的要求进行监督检验；未经监督检验或者监督检验不合格的，不得出厂或者交付使用。

3.《起重机械安全监察规定》节选

《起重机械安全监察规定》已经2006年11月27日国家质量监督检验检疫总局局务会议审议通过，予以公布，自2007年6月1日起施行。现将《起重机械安全监察规定》涉及特种设备生产有关条款摘录如下：

第十一条　起重机械出厂时，应当附有设计文件（包括总图、主要受力结构件图、机械传动图和电气、液压系统原理图）、产品质量合格证明、安装及使用维修说明、监督检验证明、有关型式试验合格证明等文件。

第十二条　起重机安装、改造、维修单位应当依法取得安装，改造、维修许可，方可从事相应的活动。

起重机械安装、改造、维修许可实施分级管理，安装、改造、维修单位取得安装、改造、维修许可应当具备相应条件，具体要求按照有关安全技术规范等规定执行。

第十四条　从事安装、改造、维修的单位应当按照规定向质量技术监督部门告知，告知后方可施工。

对流动作业并需要重新安装的起重机械，异地安装时，应当按照规定向施工所在地的质量技术监督部门办理安装告知后方可施工。

施工前告知应当采用书面形式，告知内容包括：单位名称、许可书号及联系方式，使用单位名称及联系方式，施工项目、拟施工的起重机械、监督检验证书号、型式试验证书号、施工地点、施工方案、施工日期、持证作业人员名单等。

第十五条　从事安装、改造、重大维修的单位应当在施工前向施工所在地的检验检测机构申请监督检验。

第十六条　安装、改造、维修单位应当在施工验收后30日内，将安装、改造、维修的技术资料移交使用单位。

二、特种设备的经营

《中华人民共和国特种设备安全法》节选如下：

第二十七条　特种设备销售单位销售的特种设备，应当符合安全技术规范及相关标准的要求，其设计文件、产品质量合格证明、安装及使用维护保养说明、监督检验证明等相关技术资料和文件应当齐全。

特种设备销售单位应当建立特种设备检查验收和销售记录制度。

禁止销售未取得许可生产的特种设备，未经检验和检验不合格的特种设备，或者国家明令淘汰和已经报废的特种设备。

第二十八条　特种设备出租单位不得出租未取得许可生产的特种设备，或者国家明令淘汰和已经报废的特种设备，以及未按照安全技术规范的要求进行维护保养和未经检验或者检验不合格的特种设备。

第二十九条 特种设备在出租期间的使用管理和维护保养义务由特种设备出租单位承担，法律另有规定或者当事人另有约定的除外。

三、特种设备的使用

1.《中华人民共和国特种设备安全法》节选

第三十二条 特种设备使用单位应当使用取得许可生产并经检验合格的特种设备。

禁止使用国家明令淘汰和已经报废的特种设备。

第三十三条 特种设备使用单位应当在特种设备投入使用前或者投入使用后三十日内，向负责特种设备安全监督管理的部门办理使用登记，取得使用登记证书。登记标志应当置于该特种设备的显著位置。

第三十四条 特种设备使用单位应当建立岗位责任、隐患治理、应急救援等安全管理制度，制定操作规程，保证特种设备安全运行。

第三十五条 特种设备使用单位应当建立特种设备安全技术档案。安全技术档案应当包括以下内容：

（一）特种设备的设计文件、产品质量合格证明、安装及使用维护保养说明、监督检验证明等相关技术资料和文件。

（二）特种设备的定期检验和定期自行检查记录。

（三）特种设备的日常使用状况记录。

（四）特种设备及其附属仪器仪表的维护保养记录。

（五）特种设备的运行故障和事故记录。

第三十六条 电梯、客运索道、大型游乐设施等为公众提供服务的特种设备的运营使用单位，应当对特种设备的使用安全负责，设置特种设备安全管理机构或者配备专职的特种设备安全管理人员；其他特种设备使用单位，应当根据情况设置特种设备安全管理机构或者配备专职、兼职的特种设备安全管理人员。

第三十七条 特种设备的使用应当具有规定的安全距离、安全防护措施。

与特种设备安全相关的建筑物、附属设施，应当符合有关法律、行政法规的规定。

第三十八条 特种设备属于共有的，共有人可以委托物业服务单位或者其他管理人管理特种设备，受托人履行本法规定的特种设备使用单位的义务，承担相应责任。共有人未委托的，由共有人或者实际管理人履行管理义务，承担相应责任。

第三十九条 特种设备使用单位应当对其使用的特种设备进行经常性维护保养和定期自行检查，并做出记录。

特种设备使用单位应当对其使用的特种设备的安全附件、安全保护装置进行定期校验、检修，并做出记录。

第四十条　特种设备使用单位应当按照安全技术规范的要求，在检验合格有效期届满前一个月向特种设备检验机构提出定期检验要求。

特种设备检验机构接到定期检验要求后，应当按照安全技术规范的要求及时进行安全性能检验。特种设备使用单位应当将定期检验标志置于该特种设备的显著位置。

未经定期检验或者检验不合格的特种设备，不得继续使用。

第四十一条　特种设备安全管理人员应当对特种设备使用状况进行经常性检查，发现问题应当立即处理；情况紧急时，可以决定停止使用特种设备并及时报告本单位有关负责人。

特种设备作业人员在作业过程中发现事故隐患或者其他不安全因素，应当立即向特种设备安全管理人员和单位有关负责人报告；特种设备运行不正常时，特种设备作业人员应当按照操作规程采取有效措施保证安全。

第四十二条　特种设备出现故障或者发生异常情况，特种设备使用单位应当对其进行全面检查，消除事故隐患，方可继续使用。

第四十七条　特种设备进行改造、修理，按照规定需要变更使用登记的，应当办理变更登记，方可继续使用。

第四十八条　特种设备存在严重事故隐患，无改造、修理价值，或者达到安全技术规范规定的其他报废条件的，特种设备使用单位应当依法履行报废义务，采取必要措施消除该特种设备的使用功能，并向原登记的、负责特种设备安全监督管理的部门办理使用登记证书注销手续。

前款规定报废条件以外的特种设备，达到设计使用年限可以继续使用的，应当按照安全技术规范的要求通过检验或者安全评估，并办理使用登记证书变更，方可继续使用。允许继续使用的，应当采取加强检验、检测和维护保养等措施，确保使用安全。

2.《特种设备使用管理规则》节选

特种设备在投入使用前或者投入使用后 30 日内，使用单位应当向特种设备所在地的直辖市或者设区的市的特种设备安全监管部门申请办理使用登记，办理使用登记的直辖市或者设区的市的特种设备安全监管部门，可以委托其下一级特种设备安全监管部门（以下简称登记机关）办理使用登记；对于整机出厂的特种设备，一般应当在投入使用前办理使用登记。

国家明令淘汰或者已经报废的特种设备，不符合安全性能或者能效指标要求的特种设备，不予办理使用登记。

四、特种设备的检验检测

1.《中华人民共和国特种设备安全法》节选

第五十条　从事本法规定的监督检验、定期检验的特种设备检验机构，以及为特种设备生产、经营、使用提供检测服务的特种设备检测机构，应当具备下列条件，并经负责特种设备安全监督管理的部门核准，方可从事检验、检测工作：

（一）有与检验、检测工作相适应的检验、检测人员。

（二）有与检验、检测工作相适应的检验、检测仪器和设备。

（三）有健全的检验、检测管理制度和责任制度。

第五十一条　特种设备检验、检测机构的检验、检测人员应当经考核，取得检验、检测人员资格，方可从事检验、检测工作。

特种设备检验、检测机构的检验、检测人员不得同时在两个以上检验、检测机构中执业；变更执业机构的，应当依法办理变更手续。

第五十四条　特种设备生产、经营、使用单位应当按照安全技术规范的要求向特种设备检验、检测机构及其检验、检测人员提供特种设备相关资料和必要的检验、检测条件，并对资料的真实性负责。

2.《起重机定期检验规则》节选

第四条　在用起重机定期检验周期如下：

塔式起重机、升降机、流动式起重机每年一次。

注：定期检验日期以安装改造重点修理监督检验、首次检验、停用后重新检验的检验合格证日期为基准计算，下次定期检验日期不因本周内的复检、不合格整改或者逾期检验而变动。

第六条　使用单位对提供资料的正确性、真实性负责；检验机构对检验结论负责。

第七条　实施首次检验的起重机械，其产权单位应当在使用前向产权所在地的检验机构申请首次检验。实施定期检验的起重机械，其使用单位应当在起重机械检验合格有效期届满前一个月向检验机构申请定期检验。

第九条　检验前，使用单位应当按照特种设备使用管理的有关安全技术规范和TSG Q7015—2016 的附件 C 的要求对起重机进行维保和自检，并且做出记录，记录应当经使用单位安全管理人员签署意见。

第十二条　现场检验时，使用单位的起重机械管理人员和相关人员应当到场配合、协助检验工作，负责现场安全监护。

五、特种设备的监督管理

《特种设备安全法》节选如下：

第五十七条　负责特种设备安全监督管理的部门依照本法规定，对特种设备生产、经营、使用单位和检验、检测机构实施监督检查。

负责特种设备安全监督管理的部门应当对学校、幼儿园以及医院、车站、客运码头、商场、体育场馆、展览馆、公园等公众聚集场所的特种设备，实施重点安全监督检查。

第五十八条 负责特种设备安全监督管理的部门实施本法规定的许可工作，应当依照本法和其他有关法律、行政法规规定的条件和程序以及安全技术规范的要求进行审查；不符合规定的，不得许可。

第五十九条 负责特种设备安全监督管理的部门在办理本法规定的许可时，其受理、审查、许可的程序必须公开，并应当自受理申请之日起三十日内，做出许可或者不予许可的决定；不予许可的，应当书面向申请人说明理由。

第六十条 负责特种设备安全监督管理的部门，对依法办理使用登记的特种设备，应当建立完整的监督管理档案和信息查询系统；对达到报废条件的特种设备，应当及时督促特种设备使用单位依法履行报废义务。

第六十一条 负责特种设备安全监督管理的部门在依法履行监督检查职责时，可以行使下列职权：

（一）进入现场进行检查，向特种设备生产、经营、使用单位，检验、检测机构的主要负责人和其他有关人员调查、了解有关情况。

（二）根据举报或者取得的涉嫌违法证据，查阅、复制特种设备生产、经营、使用单位和检验、检测机构的有关合同、发票、账簿以及其他有关资料。

（三）对有证据表明不符合安全技术规范要求或者存在严重事故隐患的特种设备实施查封、扣押。

（四）对流入市场的达到报废条件或者已经报废的特种设备实施查封、扣押。

（五）对违反本法规定的行为做出行政处罚决定。

第六十二条 负责特种设备安全监督管理的部门在依法履行职责过程中，发现违反本法规定和安全技术规范要求的行为，或者特种设备存在事故隐患时，应当以书面形式发出特种设备安全监察指令，责令有关单位及时采取措施予以改正或者消除事故隐患。紧急情况下要求有关单位采取紧急处置措施的，应当随后补发特种设备安全监察指令。

第六十三条 负责特种设备安全监督管理的部门在依法履行职责过程中，发现重大违法行为或者特种设备存在严重事故隐患时，应当责令有关单位立即停止违法行为、采取措施消除事故隐患，并及时向上级负责特种设备安全监督管理的部门报告。接到报告的负责特种设备安全监督管理的部门应当采取必要措施，及时予以处理。

对违法行为、严重事故隐患的处理需要当地人民政府和有关部门的支持、配合时，负责特种设备安全监督管理的部门应当报告当地人民政府，并通知其他有关部门。当地人民政府和其他有关部门应当采取必要措施，及时予以处理。

第五章 安全管理技术与管理制度

第一节 安全管理方法

简易升降机的安全管理方针是"安全第一、预防为主"。对简易升降机实施安全管理，就是通过管理的手段，确保特种设备安全运行，有效防范事故的发生，保障人民生命、国家财产安全，维护社会稳定和促进经济发展。简易升降机使用单位做好安全管理工作是重中之重，其目的是为了确保简易升降机处于安全运行的最佳状态，保证简易升降机高效、安全、可靠地运行。

简易升降机的安全管理是一项系统工程，为了确保简易升降机安全运行，必须做好以下几方面的工作。

一、落实安全生产责任制

生产安全是企业所有工作的基础，一旦发生重大安全事故，不仅造成重大损失，也会影响经济发展，甚至危及社会稳定。《中华人民共和国安全生产法》第五条明确了"生产经营单位主要负责人对本单位的安全生产工作全面负责"；第一百零六条规定，生产经营单位主要负责人在本单位发生生产安全事故时，不立即组织抢救或者在事故调查处理期间擅离职守或者逃匿的，给予降职、撤职的处分；对逃匿的处十五日以下拘留；构成犯罪的依照刑法有关规定追究刑事责任。生产经营单位主要负责人对生产安全事故隐瞒不报、谎报或者迟报的，依照该法规定处罚。

为了有效地防范特大安全事故的发生，严肃追究特大安全事故的行政责任，保障人民群众的生命、财产安全，中华人民共和国国务院令第 302 号颁布了《国务院关于特大安全事故行政责任追究的规定》，明确了地方人民政府主要领导人和政府有关部门正职负责人对特种设备特大安全事故防范、发生，依照法律、行政法规和该规定的规定有失职、渎职情形或者负有领导责任的，依照该规定给予行政处分；构成玩忽职守罪或者其他罪的，依法追究刑事责任。地方人民政府和政府有关部门对特大安全事故的防范、发生直接负责的主管人员和其他直接责任人员，比照该规定给予行政处分；构成玩忽职守罪或者其他罪的，依法追究刑事责任。特大安全事故肇事单位和个人的刑事处罚、行政处罚和民事责任，依照有关法律、法规和规章的规定执行。

企业要落实安全生产责任制，就要把安全责任层层落实，建立由企业法人代表全面负责，生产负责人具体负责的特种设备安全管理体系。

二、落实各项管理制度

随着特种设备使用管理越来越科学化、规范化、制度化，应根据简易升降机的使用特点，建立健全各项规章制度，并逐步落实执行，这是管理好简易升降机的重要条件，是降低事故发生的主要措施。管理制度应该包括以下主要内容：

1）各级岗位责任制。这是使用单位最基本的管理制度之一，明确岗位责任制有利于分清工作职责，确定各自的工作范围，便于实行技术责任、经济责任和安全责任考核。

2）基本工作管理制度包括特种设备的选购、安装、调试、使用登记、作业人员培训考核及技术档案管理等制度。这些制度的贯彻实行，奠定了使用管理工作基础。主要制度包括简易升降机分布图、台账、特种设备作业人员培训考核管理制度及特种设备安全技术档案管理制度等。

3）使用过程中的管理制度应涉及设备操作、日常检查、维护保养及申报检验等。主要制度有设备的安全操作规程、日常检查制度、维护保养制度、定期检验申报制度、事故处理制度及事故应急专项预案。

4）事故处理及应急预案制度。当简易升降机发生事故时，使用单位应立即启动事故应急预案，组织抢救、防止事故扩大，减少人员伤亡和财产损失，并及时向事故发生地县以上特种设备安全监督管理部门和有关部门报告。因此，需要建立事故报告制度、事故应急措施和事故应急专项预案。

三、做到"两有证"

1）特种设备在投入使用前或者投入使用后 30 日内，特种设备使用单位应向直辖市或者设区的市的特种设备安全监察部门（或授权的县级安全监察部门）办理使用（注册）登记，取得使用登记证书，使用登记证（合格标志）应当置于或者附着于该特种设备的显著位置。

2）特种设备作业人员应当按照国家有关规定，经特种设备安全监察部门考核合格，取得国家统一格式的特种设备作业人员资格证书，方可从事相应的作业工作。特种设备作业人员持证上岗，是加强特种设备使用管理、实现规范化管理的一个重要手段。

四、做好简易升降机的检验工作

国家对特种设备实施法定强制检验，简易升降机的检验分首次检验和定期检验两大类。首次检验一般指设备投入使用前的检验，是判定设备是否符合国家相关安全技术规范要求的重要环节，使用单位应高度重视并积极做好配合工作。

定期检验则是设备投入使用后，使用单位主动提出申请的法定检验。通过定期检验，可以及时发现和消除危及安全的缺陷隐患，防止事故发生，达到延长使用寿命，保证特种设备安全经济运行的目的。

第二节　安全管理要点

简易升降机的安全管理包括选型、购置、安装、运行、检验、维护、修理、改造直至报废、更新的整个过程，使用单位必须制定并严格执行特种设备相关制度，防范事故的发生。

一、特种设备管理制度

特种设备管理制度包括采购、安装、维修、改造、停用报废等管理制度，使用单位应做到：

1）国家对特种设备实行制造许可制度，企业购买的简易升降机必须是已取得相应制造许可证的企业生产的合格产品。

2）国家对特种设备安装实行安装许可制度，企业应选择取得相应安装许可资格的单位安装简易升降机，并督促安装单位严格执行特种设备安装告知、检验等有关规定。

3）简易升降机安装完成后，经特种设备检验检测机构检验合格，方可接收。

4）简易升降机投入使用前，应核对该设备的设计文件、产品质量合格证明、安装及使用维修说明等，并最迟在投入使用后 30 日内，向特种设备安全监管部门申报登记。登记后应将检验合格标志张贴在该设备的显著位置，并建立特种设备档案。

5）禁止使用没有在特种设备安全监管部门注册登记的简易升降机；禁止使用没有完整安全技术资料（档案）的简易升降机；禁止使用首次检验或者定期检验不合格的简易升降机。

6）应编制简易升降机维护保养计划，及时组织开展简易升降机的维护保养工作。

7）简易升降机的大修、改造须由取得相应资格许可的特种设备修理改造单位进行，并督促修理改造单位及时办理告知手续。修理改造的特种设备须经检验合格后方可投入运行。

8）停用的简易升降机应切断电源及相关管线，做好保养，挂贴停用标志。停用一年以上时，应及时到特种设备安全监察机构办理停用手续。

9）简易升降机出现故障，存在严重事故隐患，无改造、维修价值，或者达到安全技术规范等规定的设计使用年限或报废条件的，应做报废处理。

二、特种设备作业人员管理制度

1）特种设备作业人员必须熟悉相关业务知识，经特种设备安全监管部门考核合格，取得《特种设备作业人员证》，无证人员一律不得上岗。

2）建立特种设备作业人员培训教育制度。学习的内容包括国家特种设备安全管理有关法律法规、技术标准，以及特种设备事故分析、故障排查处理、故障应急处置技术等。

3）及时安排特种设备操作人员参加特种设备安全监察管理机构等上级部门组织的业务知识学习培训。

4）按规定定期配发特种设备作业劳动防护用品，改善特种设备操作条件，保证特种设备作业人员的人身安全。

三、特种设备使用登记管理制度

1）新增特种设备。特种设备在投入使用前或者投入使用后30日内，使用单位应当向特种设备所在地的直辖市或者设区的市的特种设备安全监管部门申请办理使用登记。办理使用登记的直辖市或者设区的市的特种设备安全监管部门，可以委托下一级特种设备安全监管部门办理使用登记。

2）办理特种设备使用登记后，应把特种设备"检验合格"标志固定在特种设备显著位置。

四、特种设备安全技术档案管理制度

1）使用单位应当逐台建立特种设备安全技术档案，至少应包括以下内容：①使用登记证；②《特种设备使用登记表》；③特种设备的设计、制造技术资料和文件，包括产品质量合格证明、安装及使用维护保养说明、型式试验证书等；④特种设备的安装、改造和修理的方案、验收报告等技术资料；⑤特种设备的定期自行检查记录和定期检验报告；⑥特种设备的日常使用状况记录；⑦特种设备及其附属仪器仪表的维护保养记录；⑧特种设备安全附件、安全保护装置的校验、检修、更换记录和有关报告；⑨特种设备的运行故障、事故记录及处理报告。

2）特种设备技术档案由特种设备管理人员专人管理，管理人员应对本单位的特种设备档案进行整理、归类和装订编号。

3）特种设备技术档案材料应妥善保管，保证完整、完好、真实，不得随意涂改或篡改，不得任意抽取有关资料。借用、借阅应办理相关手续。

4）特种设备技术档案建立后，应编制企业特种设备台账，内容应包括设备名称、单位编号、设备型号、制造企业、出厂编号、注册登记编号、使用专管人员、操作人员、投入使用日期、下次定期检验时间、维修维护时间、是否停用及报废期限等信息。

5）档案管理人员应及时收集特种设备检修、检验等记录材料及其他有关资料，并整理归档。

五、简易升降机定期检验制度

1）简易升降机使用单位应建立简易升降机使用台账，及时掌握该设备的检验周期。对安全检查检验合格有效期即将到期的简易升降机，应提前整理有关资料和申请表，并提前一个月向当地特种设备检验机构申报检验。

2）简易升降机的检验周期为一年。

3）对定期检验中发现的问题，使用单位应及时安排，落实整改。

六、特种设备停用申报和报废注销制度

1）简易升降机操作、管理人员发现设备存在严重事故隐患，无改造、维修价值的，应及时报告负责人，经确认应予以报废的简易升降机，经负责人签字同意后作报废处理。报废的简易升降机如一时不能拆除的，应切断电源、切断管线，并挂贴报废标志。

2）对因生产原暂停使用的简易升降机，管理人员应切断电源，并视停用情况切断管线，做好保养工作，挂贴停用标志。

3）对停用、报废（含出售）的简易升降机，管理人员应在停用起30日内携带有关资料到当地特种设备安全监管部门办理相关手续。

七、特种设备事故处理及报告制度

1）简易升降机使用单位应制订特种设备事故应急专项预案，每年至少演练一次，并且做出记录。

2）发生特种设备安全事故的使用单位，应当根据应急预案，立即采取应急措施、组织抢救，防止事故扩大，减少人员伤亡和财产损失。并且按照《特种设备事故报告和调查处理规定》的要求，向特种设备安全监管部门和有关部门报告；同时配合事故调查和做好善后处理工作。

3）当发生自然灾害危及特种设备安全时，使用单位应当立即疏散、撤离有关人员，采取防止危害扩大的必要措施，同时向特种设备安全监管部门和有关部门报告。

第六章　简易升降机的安全操作规程、日常维护及故障诊断

第一节　简易升降机的安全操作规程

为了确保简易升降机安全运行，并能充分发挥其工作效能，延长其使用寿命，实现文明生产，简易升降机作业人员必须遵守简易升降机安全操作规程。

一、对简易升降机操作者的要求

1）操作者必须身体健康，年满18周岁，视力、听力等能满足具体工作条件的要求。

2）操作者应能熟悉安全操作规程和掌握有关安全注意事项。

3）操作者应熟悉简易升降机的基本结构和性能，掌握操作方法和安全装置的功用。

4）操作者须经专业培训和考核，取得特种设备作业人员资格证后方可从事相应作业。

二、简易升降机操作前的注意事项

1）工作前，操作人员应检查简易升降机的供电电压是否正常。

2）工作前，操作人员应对简易升降机各安全装置及主要零部件进行仔细检查，并将简易升降机上、下运行数次，视其有无异常现象、确认灵活可靠后方可使用。

3）工作前，操作人员应对外呼面板上的急停开关进行检查，确保其有效、可靠。

4）对于长期停用的简易升降机，当重新使用时，应按规定要求进行试运行，确认无异常后方可投入使用。

三、简易升降机安全操作规程

1）严禁任何人搭乘简易升降机。

2）严禁超载运行，不允许通过开启安全窗来运载长件货物。

3）严禁装运易燃、易爆等危险物品。

4）确定层门、货厢门关闭可靠，并检查紧急停止开关复位后方可起动简易升

降机。

5）装卸货物时，必须确认停层保护装置处于保护位置方可进行装卸，并尽量减少进入货厢内时间。

6）货物应尽可能稳妥地放置在货厢中间，以免在运行中货厢发生倾斜。

7）严禁对简易升降机安全开关进行短接或拆除。

8）严禁在层门或货厢门开启状态下运行。

9）三角钥匙由设备管理部门专人保管，操纵钥匙由管理人员或者操纵人员专门保管；三角钥匙应与操纵钥匙分开存放，不得随意出借操纵钥匙；三角钥匙不得交给非操纵人员使用。

10）简易升降机未经检验机构监督检验（定期检验）合格，严禁使用。

11）简易升降机在使用过程中发现异常情况时，作业人员应当立即采取应急措施，并且按照规定的程序向本单位负责人报告，不得随意对设备进行检修、调试、拆换电气元件和机械零件。

12）简易升降机一旦出现故障应停止运行，不得带病运行、冒险作业，待故障、异常情况消除后，方可继续使用。

四、简易升降机故障处理

当简易升降机发生如下故障时，应立即停止简易升降机运行，切断电源，并及时报告，请有资质单位和有证人员进行维修。

1）层门、货厢门关闭后，不能正常起动运行时；

2）运行速度有明显变化时；

3）运行方向与指令方向相反时；

4）平层、召唤和楼层显示信号失灵，运行失控时；

5）有异常噪声、较大振动或冲击时；

6）安全钳经常性误动作时；

7）接触到金属部分有麻电现象时；

8）电气部件因过热而散发出焦热的臭味时。

五、当简易升降机使用完毕后，应当做好以下工作

1）操作者应将货厢停于最底层，关闭层门、货厢门。

2）操作者在确保层门、货厢门关闭到位后，将操纵钥匙转换至停止状态。

3）简易升降机使用完毕后，应关闭主电源。

第二节　简易升降机的日常维护保养

简易升降机日常维护保养直接关系到简易升降机的使用寿命、工作效率和安全

生产，经常性的维护保养及定期的自行检查，应当符合有关安全技术规范和产品使用维护保养说明的要求，以防止简易升降机过度磨损或因意外损坏引起伤害事故。维护保养通常执行预防性、计划性、预见性的制度。经常地、细心地对简易升降机进行检查，做好调整、紧固、清洗及润滑等工作，保持机械的正常运转称为保养。简易升降机使用单位负责设备安全管理，并承担使用安全主体责任，使用单位应选择具有相应资质、相应能力的专业化、社会化维护保养单位进行维护保养。

一、简易升降机日常维护保养程序

进行维护保养之前，保养人员应首先制定好保养计划；在进行保养时，应在基站层门口放置维护保养警示牌，一般按照机房（设备间）、井道、底坑的程序保养；完成保养工作后，在验证简易升降机处于正常运行状态后将警示牌放回原处，并完成保养记录。简易升降机的日常维护保养程序如图 6-1 所示。

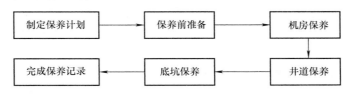

图 6-1　简易升降机的日常维护保养程序

（一）机房的日常维护保养

1）机房内应整洁、干燥，无与简易升降机无关的物品，标志完整，机房内应放置灭火器，门应向外开启，并用万用表检查电压（主电源、货厢照明、井道照明和安全回路等），电压值范围见表 6-1。检查机房插座，必要时建立机房管理制度。

表 6-1　电压值范围

主电源电压	380V，上下波动7%
井道、货厢照明电压	220V
安全、门锁回路电压	110V
开关电源、接触器供电电源电压	220V

2）清洁控制柜之前，应先切断主电源，检查接线是否牢固，元器件是否整洁、可靠，标志是否完好，方便查找维修。清洁时候可以用毛刷或小型吹风机进行清洁。

3）电动葫芦运行应无异响，钢丝绳在卷筒上的排列应整齐，润滑良好，尾部的固定装置应有防松或自紧的动能。断火器动作应灵敏、可靠、有效。上升动作时，吊钩或吊笼最高部件与驱动主机最低部件间的垂直距离应≥50mm。导绳器工作正常，钢丝绳无乱绕现象。

4）查看限速器是否有异常情况，旋转轴销应加润滑油，清理离心甩动装置上的油污，转动应灵活、可靠，无锈损、卡死现象。绳槽内不得加润滑油，限速器应动作可靠，电气开关应有效，如果校验日期到期，应重新校验。

（二）井道的日常维护保养

进入井道前，要先打开层门，关闭货厢门，然后按外呼，观察货厢是否能起动，验证门回路是否短接；然后按轿厢顶急停，关闭层门，按下外呼按钮，观察货厢能否起动，验证急停开关是否有效；上述都正常时，打开层门，恢复急停开关，将检修开关切换到检修状态，关闭层门，按外呼按钮，观察货厢是否起动，验证检修开关是否有效。经验证都有效后，方可打开层门，进入轿顶。

1）检查钢丝绳应无起毛、断丝、扭结、压扁、弯曲、笼状畸变、断股、波浪形、钢丝或绳芯损坏等现象，吊钩应完好无损。清洁钢丝绳时，应用棉布沾满油，拧干后清洗，必要时应更换钢丝绳。

2）检查安全销，应动作可靠，无卡阻现象。当安全销完全动作时，销轴应伸入托架≥15mm。所有电气开关应动作有效，托架应无变形、松动，必要时还应加润滑油进行润滑，以及紧固螺钉。

3）货厢及货厢门各位置应无严重变形，各部位应紧固、完好无损坏。层门关闭时，门扇之间，门扇与立柱、地坎之间间距≤10mm。对层门上坎和层门地坎，应检查是否有杂物，并用毛刷进行清洁。可以用一个盒子作为垃圾桶，用毛刷将杂物、灰尘刷入盒子中，然后带出去。

4）检查层门、货厢门触点是否良好，开、关门能否到位，坚决杜绝一切短接线，并检查滑块固定是否有效可靠。

5）检查油杯中的油线，查看油杯中的油量是否足够且不溢出。如果油线损坏应及时更换；油量不足应添加润滑油。

6）检查轨道及支架螺栓是否松动，必要时紧固；清洁轨道时也应用棉布沾满油，拧干后清洗。

7）货厢顶部也应当保持整洁，无杂物、油污等；保养时也要进行清洁。

8）对井道内电气开关、平层感应器等进行清洁。

9）限速器、安全钳联动应灵活可靠，传动连杆有无卡阻现象，应灵敏可靠，并注意螺栓等紧固情况。安全钳、楔块与导轨间隙应保持在2～3mm为宜，试验安全钳能否正常工作。

（三）底坑的日常维护保养

进入底坑时，应首先确认爬梯位置，然后背对井道，一只手抓住配合者的手；配合者应保持好重心，此时进入者另一只手抓稳爬梯，伸出一脚踏稳在爬梯的踏板上；最后将另一只手、脚抓稳后，逐级向下至底坑。

1）底坑应整洁、干燥、无积水，无与简易升降机无关的物品。

2）检查张紧轮与钢丝绳是否运行可靠，有无异响。

3）检查张紧轮电气开关、下极限电气开关是否有效，如有损坏应及时更换。

4）注意对张紧轮轴承的润滑，使其运行无卡阻；注意张紧轮电气开关位置。如果钢丝绳伸长过多，必要时应收紧张紧绳。

二、简易升降机日常维护保养记录示例

我国目前尚无统一的简易升降机维护保养规定，有的采用一级保养、二级保养、三级保养，有的采用半月维护保养、季度维护保养和年度维护保养。下面就目前普遍采用的半月维护保养、季度维护保养和年度维护保养内容做一简要介绍。

（一）半月维护保养项目（内容）和要求

半月维护保养一般指对简易升降机进行清洁与检查，使简易升降机能够正常运行，其具体项目（内容）和要求见表6-2。

表6-2　简易升降机半月维护保养项目和要求

序号	项目（内容）	要求	状况	备注
1	机房、滑轮间环境	清洁，门窗完好、照明正常		
2	手动紧急操作装置（曳引式）	齐全		
3	驱动主机	运行时无异常振动和异常声响		
4	制动器各销轴部位（曳引式）	动作灵活		
5	制动器间隙（曳引式）	打开时制动衬与制动轮不应发生摩擦，间隙值应符合制造单位要求		
6	限速器各销轴部位	润滑，转动灵活；电气开关正常		
7	货厢顶	清洁，防护栏安全可靠		
8	货厢顶检修开关、急停开关	工作正常		
9	导靴上油杯	吸油毛毡齐全，油量适宜，油杯无泄漏		
10	对重块及其压板（曳引式）	对重块无松动，压板紧固		
11	井道照明	齐全、正常		
12	货厢照明	工作正常		
13	货厢门锁电气触点	清洁，触点接触良好，接线可靠		
14	货厢门运行	开启和关闭工作正常		
15	货厢地坎	清洁		
16	货厢平层准确度	符合标准值		
17	层站召唤、层楼显示	齐全、有效		
18	各层站的停止装置	工作正常		
19	层门运行	开启和关闭工作正常		
20	层门地坎	清洁		
21	层门自动关闭装置（货厢门驱动层门的情况下）	正常		

（续）

序号	项目（内容）	要求	状况	备注
22	层门门锁自动复位	用层门钥匙打开手动开锁装置，释放后，层门门锁能自动复位		
23	层门门锁电气触点	清洁，触点接触良好，接线可靠		
24	层门锁紧元件啮合长度	不小于7mm		
25	底坑环境	清洁，无渗水、积水，照明正常		
26	底坑停止装置	工作正常		

经此次保养存在的问题有：

注：1. 状况栏中的符号含义，√：正常；△：须调整、更换、润滑和清理；×：修整；〇：服务、更换润滑和清理；／：无此项。

2. 本示例以曳引式简易升降机及强制式简易升降机为例，如果表中的项目（内容）没有某些简易升降机的某种部件，项目（内容）可适当进行调整（下同）。

3. 维护保养项目（内容）和要求中对测试、试验有明确规定的，应当按照规定进行测试、试验，没有明确规定的，一般为检查、调整、清洁和润滑（下同）。

4. 维护保养基本要求中，规定为符合标准值的，指符合对应的国家标准、行业标准和制造单位要求（下同）。

5. 维护保养基本要求中，规定为制造单位要求的，按照制造单位的要求，其他没有明确要求的，应当为安全技术规范、标准或者制造单位等的要求。

（二）季度维护保养项目（内容）和要求

季度维护保养项目（内容）和要求除符合表6-2中的规定外，还应符合表6-3中的项目（内容）和要求。季度维护保养一般指对简易升降机进行润滑、调整及更换不符合要求的易损件，使简易升降机达到安全要求。

表6-3　简易升降机季度维护保养的项目和要求

序号	项目（内容）	要求	状况	备注
1	电动机与减速机联轴器（曳引式）	连接无松动，弹性元件外观良好、无老化等现象		
2	驱动轮、导向轮轴承部（曳引式）	无异常声响、无振动、润滑良好		
3	井道、对重、货厢顶各反绳轮轴承部（曳引式）	无异常声响、无振动、润滑良好		
4	导绳器	钢丝绳在卷筒上的排绳不絮乱		
5	闸瓦、衬垫、制动臂	清洁，磨损量不超过制造单位的要求		
6	控制柜内各接线端子	各接线紧固、整齐、线号齐全、清晰		
7	控制柜各仪表	显示正常		
8	曳引轮槽、卷筒、悬挂装置	清洁，钢丝绳无严重油腻，张力均匀，符合制造单位要求；悬挂装置如采用钢质链条，应符合 GB 6067.1—2010 中 4.2.3 的规定或符合制造单位要求		

（续）

序号	项目（内容）	要求	状况	备注
9	限速器轮槽、限速器钢丝绳	清洁，无严重油腻		
10	靴衬、滚轮	清洁，磨损量不超过制造单位的要求		
11	层门的锁紧	工作正常		
12	层门的闭合	工作正常		
13	货厢门的闭合	工作正常		
14	手动关闭的货厢门的机械锁定装置	工作正常		
15	层门、货厢门系统中传动钢丝绳、链条、传动带	按照制造单位要求进行清洁、调整		
16	层门门导靴	磨损量不超过制造单位要求		
17	层门、货厢门门扇	门扇各相关间隙符合标准值		
18	限速器张紧轮装置和电气安全装置	工作正常		
19	错相和缺相保护	工作正常		
20	上、下限位开关	工作正常		
21	上、下极限开关	工作正常		

经此次保养存在的问题有：

注：状况栏中的符号含义，√：正常；△：须调整、更换、润滑和清理；×：修整；○：服务、更换润滑和清理；/：无此项。

（三）年度维护保养项目（内容）和要求

年度维护保养项目（内容）和要求除符合表6-3中的规定外，还应符合表6-4中的项目（内容）和要求，并且根据所保养简易升降机的使用特点，制订合理的维保项目和试验方案，用以保证所维保的简易升降机的安全性能。

表6-4　简易升降机年度维护保养的项目和要求

序号	项目（内容）	要求	状况	备注
1	减速器润滑油	按照制造单位要求适时更换润滑油，保证油品符合要求		
2	控制柜接触器、继电器触点	接触良好		
3	曳引轮槽、卷筒	磨损量不超过制造单位要求		
4	悬挂装置	磨损量、断丝数不超过要求		
5	限速器钢丝绳	磨损量、断丝数不超过制造单位要求		
6	制动器铁心（柱塞）	进行清洁、润滑、检查，磨损量不超过制造单位要求		
7	具有三合一机构的制动器和制动电动机中的制动器	制动器推动器无漏油现象		

（续）

序号	项目（内容）	要求	状况	备注
8	制动器制动能力	符合制造单位要求，保持有足够的制动力		
9	绝缘电阻测试	符合标准		
10	停层保护装置试验	工作正常		
11	下行超速保护装置试验	工作正常		
12	防运行阻碍保护装置试验	工作正常		
13	超载保护装置试验	工作正常		
14	货厢和对重/平衡重的导轨支架	固定，无松动		
15	货厢和对重/平衡重的导轨	清洁，压板牢固		
16	电动葫芦上的钢丝绳压板	不得少于三块，固定，可靠		
17	随行电缆	无损伤		
18	层门装置和地坎	无影响正常使用的变形，各安装螺栓紧固		
19	安全钳钳座	固定，无松动		
20	驱动主机、货厢顶、货厢架、货厢门及其附件安装螺栓	紧固，可靠		
21	货厢底各安装螺栓	紧固		
22	缓冲器	固定，无松动		

经此次保养存在的问题有：

注：状况栏中的符号含义，√：正常；△：须调整、更换、润滑和清理；×：修整；○：服务、更换润滑和清理；/：无此项。

三、简易升降机主要零部件的润滑

简易升降机各机构的使用质量与寿命，很大程度上取决于经常的正确润滑。润滑时，应按升降机使用说明书规定的日期和润滑油进行，并经常检查设备润滑情况是否良好。

（一）润滑的重要性

润滑是简易升降机维护保养的主要内容之一。

润滑工作是保证简易升降机正常运转，延长机件寿命、提高效率及促使安全生产的重要措施之一，其主要作用如下：

1）减少机械磨损，延长零、部件的使用寿命。

2）保持设备良好的运转性能，如避免销轴等转动部件卡死，避免轴承损坏等。

3）减少摩擦、提高效率，降低动能的损耗。

4）降低摩擦面温度，避免摩擦面过热损坏。

5）防止生锈腐蚀。

6）密封防尘（干油润滑的场合）。

（二）润滑工作的要求

1）定人，落实到人。

2）定期，按规定时间进行加油、换油。

3）定点，按规定部位进行润滑，防止遗漏。

4）定量，剂量要合适。

5）定质，按规定的润滑材料进行润滑。

（三）润滑的原则

凡是有轴和孔配合的部位，以及产生摩擦面的都应保持良好的润滑，并了解润滑部位的润滑时间和润滑种类。

（四）润滑时应注意的事项

1）各类润滑油要用专门密封的容器盛装，容器、漏斗、油枪等加油工具应保持清洁。

2）对于升降机轨道的润滑，应先把轨道上的沙粒等污垢清除掉，然后再在油杯中加入润滑油。

3）对限速器飞轮轴承进行润滑时，应注意不可加入过多的油，避免油甩到限速绳上引起打滑，造成限速器动作时无法夹紧钢丝绳而使得安全钳无法动作。

4）清洗齿轮油箱池时（曳引式），先把油放尽，再加入清洗油至适当高度，空转数分钟，将油放出，最后再加注新油。

5）对于密封区域进行润滑时，加完油后应注意检查密封状况。

四、简易升降机的修理及注意事项

（一）简易升降机的修理种类

对简易升降机除定期保养和定期润滑外，还必须对升降机进行维护和修理，且修理工作应由专业人员进行。修理的目的是维持升降机的再生产能力，保证使用过程中的安全，延长机械的使用寿命。采用的手段是通过更换零件，或在原部件损坏的基础上进行加工，使其恢复原来的配合性能。

根据修理发生的时间和要达到的目的，简易升降机的修理可分为临时性修理、预防性修理和恢复性修理。

临时性修理是根据时间概念，项目没有统一规定，随时发现故障随时修理。

预防性修理是根据机构的磨损规律，在规定的间隔期、按规定的作业范围进行有计划的分级修理，一般包括小修、中修、大修。

1）小修。这是一种维护修理。它是根据升降机各机构或总成的外部征兆可预先估计的项目，集中组织的修理作业。其目的是消除部分零件的自然磨损，以及因操作不当、保养不良所造成的局部损伤。小修只对一般零件进行修理或更换。

2）中修。这是一种平衡性修理。针对升降机各机构总成之间技术状态的不平衡，通过中修使其平衡，并延长大修的间隔期，节约了修理费用。

中修只对部分机构或部件解体；对于大部分机构，则根据外部征兆进行检修。

3）大修。这是一种恢复性修理。它是按规定的修理间隔期，通过技术鉴定后，有计划组织的修理作业。通过大修，应恢复机械的原有技术性能。

大修必须严格按工艺过程和技术标准进行，以确保修理质量。

恢复性修理指由于长期停用，升降机锈蚀、卡组严重，或由于重大事故引起升降机严重损坏的修理作业。

（二）简易升降机修理注意事项

应在规定日期内对简易升降机进行维护和修理，防止升降机过度磨损或意外损坏引起伤害事故。简易升降机的修理通常执行预防性、计划性、预见性的检修保养工作制度。

1. 简易升降机修理前的注意事项

1）除确需用电的情况外，应确保主开关置于断路位置并锁住。

2）除维护和修理需要外，应确保简易升降机各层门和货厢门关闭。

3）登高使用的扶梯要有防滑措施，且有专人监护。

4）在禁火区动用明火必须办理动火申请手续，并配备相应的灭火器材。管好或搬迁易燃物品，利用活动铁板、石棉板将可燃物盖好，以防飞溅的火花引起火灾。

5）指定人员设置警示标志牌。

2. 简易升降机日常维护保养或修理后的注意事项

1）检修、更换下来的零、部件必须逐件清点，妥善处理，不得乱放；谨防工具及物件坠落，或从升降机上扔下来。

2）所需的零件和工具不得上下投抛，应用专门工具袋、滑车或绳索传递。

3）修理完毕后，必须将工具等物收全，切勿遗留。

4）全部的安全保护装置应重新安装调试并达到其相应的功能。在完成有关规定的试验后，升降机才能重新投入使用。

简易升降机的维护保养工作涉及升降机的使用功能和状态，并在很大程度上决定着事故发生率，因而必须引起重视。

第三节 简易升降机的常见故障诊断及排除方法

简易升降机在使用一定时间后，往往会因为零件磨损、间隙增大及线路老化等原因而出现明显的不安全状况，甚至某些故障严重时还可能会引起重大安全事故的发生，危及设备和人员的安全。

一、简易升降机常见故障代码

简易升降机作业人员一旦发现故障，应立即停止作业，防止简易升降机"带病"运行，并放置警示标志；根据升降机故障现象，查看故障代码（见表6-5），并判断故障所在，查清原因，及时修复后再使用，确保升降机安全运行。

表6-5　某品牌简易升降机常见故障代码、名称、原因及排除对策

故障代码	故障名称	故障原因及故障排除对策
E00	安全回路故障	安全回路故障或安全回路继电器损坏。检查 X21 端口输入线路及安全回路继电器
E01	厅门打开或门锁回路故障	厅门门锁回路断路或门锁开关损坏。检查 X22 端口输入线，门锁开关及回路继电器
E02	上限位故障	上限位回路断路或上下文开关损坏。检查 X06 端口接入线及上限位开关
E03	下限位故障	下限位回路断路或者下限位开关损坏。检查 X07 端口接入线及下限位开关
E05	门区越层时间保护故障	电动机堵转或轿厢卡死。检查电动机运行是否正常，轿厢是否卡死，更换电动机或排除障碍物
E06	接触器故障	接触器回路断路或粘连。检查 X09 端口输入线路或者更换接触器
E07	超载	轿厢超载。检查 X08 端口输入线路或减轻货物质量
E08	累计运行时间溢出故障	运行时间达到设定值。P3 参数设置为 01，重新复位运行时间
E09	变频器备妥信号故障	变频器工作不正常或者通信断路。检查 X10 端口输入线路或查看变频器设置是否正确
E10	货箱门打开或货箱门锁故障	货箱门锁断路或门锁开元损坏。检查 X23 端口输入线路及门锁开关
E11	急停按钮起动	外呼盒上急停按钮被人为按压。检查外呼提示的数字所在层的急停按钮
E12	系统指令方向与实际运行方向不一致	运行方向与系统提示方向运行不一致。检查电动机进线顺序，上限平层开关安装位置顺序是否正确

二、简易升降机常见故障原因及排除方法

在长期实践中，我们总结了简易升降机可能发生的常见故障，并分析了产生各种故障的原因及排除方法，为了使广大作业人员对简易升降机的常见故障、故障原因和排除方法有所了解，表6-6 中列出了简易升降机的常见故障、故障原因及排除

方法，供大家参考。

表 6-6　简易升降机的常见故障、故障原因及排除方法

序号	常见故障	故障原因	排除方法
1	简易升降机不能起动	主电源未接通	接通电源开关
		主电源供电电压过低	检查主电源电压，保证供电质量
		驱动电动机损坏	检查修理驱动电动机
		主接触器无法正常吸闭（见图 a） 　a) 主接触器粘连	检修相关接触器
		层门、货厢门未关闭到位	检查层门及货厢门是否关闭到位
		门锁触点接触不好或电磁阀动作不灵敏	检修或更换门锁开关、触头或电磁阀
		安全钳、限速器、张紧轮、安全销、防松绳等安全回路电器开关断开后未复位	使误动作开关复位，或检修、更换已经失效

（续）

序号	常见故障	故障原因	排除方法
1	简易升降机不能起动	主电源有缺相或错相（见图 b 与图 c） b) 缺相　　　　c) 错相	检查错相和缺相保护装置
		急停按钮动作后未复位或失效损坏（见图 d） d) 急停按钮动作并损坏	检修更换急停开关
		简易升降机超载，由于轿厢内货物太多或超载传感器损坏	减轻轿厢内货物重量，检修或更换超载传感器
		基站锁开关闭合或损坏	检修或更换基站锁开关
2	简易升降机能起动，只能单向运行	限位开关未复位或失效	检修或更换限位开关
		方向接触器故障	检修或更换方向接触器
		断火器开关故障	检修或更换断火器开关

（续）

序号	常见故障	故障原因	排除方法
3	简易升降机能起动，但是运行方向与所选方向相反	控制系统无相序保护装置，而外线三相电源相序反接	更换三相电源中任意两相并增加相序保护装置
4	简易升降机能起动，外呼面板没显示或显示错误（见图 e） e) 外呼无显示	面板线路问题引起接触不良	检修线路
		外呼面板内部芯片损坏	检修或更换外呼面板
		控制系统程序问题引起显示故障	检修控制系统
		感应器损坏或线路掉落	更换感应器或修复线路
5	运行时有异响或抖动	货厢导靴的靴衬磨损，导靴金属外壳与轨道发生摩擦	更换靴衬，调整导靴弹簧，使之导靴压力一致
		导靴靴衬中卡入杂物，导轨工作面有杂物	清除靴衬和导轨工作上的杂物
		安全钳楔块与轨道间隙过小，因此与导轨产生摩擦	调整楔块与导轨间隙，使之保持 2 ~ 3mm 距离
		货厢门的开门门刀与层门地坎间隙过小产生摩擦（自动门）	测量各层间隙，调整间隙距离；检查轿厢有无倾斜情况，必要时对轿厢进行调整
		开门门刀与门锁滚轮碰擦（自动门）	检查轿厢门倾斜度，调整开门门刀与滚轮位置
		曳引轮绳槽磨损不均（曳引式）	维修曳引轮绳槽或更换曳引轮

（续）

序号	常见故障	故障原因	排除方法
5	运行时有异响或抖动	对重块松动，导致对重侧导轨有摩擦声等（曳引式）	调整、固定好对重
		钢丝绳张力不均（曳引式）	调整各个钢丝绳张力
		导靴螺栓松动	紧固螺栓
6	运行时突然停车	主电源电压不稳	调整电源电压，必要时增加稳压器
		运行接触器失效	检修或更换运行接触器
		运行温度过高，热保护动作	调整热保护动作开关，并检查各电器是否老化
		层门或货厢门未关到位，触点突然断开	调整层门或货厢门触点位置及关门锁紧装置
		限速器，安全钳，放松装置等电气开关误动作	使误动作开关复位，或检修、更换已经失效的开关
		张紧轮电气开关误动作	检查张紧轮钢丝绳是否过长，并调节、检查张紧轮电器开关
		急停按钮人为误动作	复位急停按钮
		门刀与门球间隙过小（自动门）	调整门刀与门球间隙

（续）

序号	常见故障	故障原因	排除方法
7	运行时蹲底或冲顶（见图f与g） f）简易升降机蹲底 g）简易升降机冲顶	下限位、下极限失效或损坏	检修或更换下限位、下极限
		制动器过度磨损	检修或更换制动器
		超载保护失效，超载运行（蹲底）	检修或更换超载保护装置
		控制系统故障	检修控制系统
		平衡系数不足（曳引式）	调整平衡系数
		制动器与曳引轮连接失效、如断轴、断齿等（曳引式）	检修或更换制动器与曳引轮连接装置
		制动弹簧预紧力不足或老化（曳引式）	检修或更换制动弹簧
		人为短接安全回路	检测线路短接情况，并拆除短接部分
8	开门走车	门锁短接（见图h）或门接触器粘连 h）门锁短接图	检修门锁回路或门接触器
		严重超载且起重量限制器失效或损坏	减轻货厢重物、检修或更换起重量限制器

（续）

序号	常见故障	故障原因	排除方法
8	开门走车	制动器过度磨损	检修或更换制动器
		控制系统故障	检修控制系统
		抱闸上有油污（曳引式）	擦拭清洗抱闸上的油污
		制动弹簧预紧力不足或老化（曳引式）	检修或更换制动弹簧
9	选层故障	预选层站不停车，选层继电器失效，或平层感应器接触不良	更换选层继电器；调整检修平层感应器，或视情况更换平层感应器
		未选层站停车，选层继电器失效，或平层感应器上接触不良	更换选层继电器
		选层按钮失灵或不复位，可能是按钮连接线接触不良或断开	检查线路，紧固接头
		选层按钮失灵或不复位，可能是按钮与其地板有卡阻	调整安装位置，清除边框孔的卡阻异物
		选层按钮失灵或不复位，可能是选层继电器失灵	检修或更换选层继电器
10	货厢平层精度达不到要求（见图 i） i) 简易升降机平层精度不达标	轿厢不能平层，可能是制动器失灵，或者调整不当	检修调整制动器
		轿厢不能平层，可能是方向接触器未释放，使得制动器电磁线圈不能通电	检修方向接触器及有关线路
		轿厢不能平层，可能是运行继电器未释放，因此慢车接触器也未释放	检修运行继电器及有关线路
		平层需要两次以上返平层才到位，可能是上、下平层感应器与平层板之间的距离太小	调整平层感应器与平层板之间的距离
		平层精度低，可能是上、下两个平层感应器与平层板之间的距离过大，或者平层板安装位置不对	减小平层感应器与平层板之间的局，调整平层板安装位置

（续）

序号	常见故障	故障原因	排除方法
10	货厢平层精度达不到要求	平层精度低，可能是电动机自高速档转到低速档时，串入电动机低速绕组的电抗器匝数过多，未能产生足够的再生制动力矩，平层区域内升降机仍为高速运行未能降速运行（曳引式）	调整低速起动延时继电器，使其延迟动作时间缩短，减少低速绕组电抗器抽头匝数
		平层需要两次以上返平层才能到位（每层），可能是主接触器与平层终极继电器动作迟缓	断电清洗有关接触器、继电器及其上面的污垢，或者更换已损坏的元件
		平层需要两次以上返平层才能到位（平层或顶层），可能是系统程序出错，或者上、下减速开关故障	系统重新自学习一次，或检修上、下减速开关
		平层需要两次以上返平层才能到位，可能是制动力矩过小（曳引式）	调整制动力矩
		上行平层和下行平层都过低或过高，可能是对重过大引起（曳引式）	调整对重侧质量，并校核平衡系数，使其符合规定要求
		上行平层或者下行平层过高，可能是制动力过大、制动瓦与制动轮间隙过小，以及四周间隙不均匀引起（曳引式）	调整制动器弹簧压力，使制动器松闸间隙相同并小于0.7mm；调整平层感应器与平层板的距离和间隙
		上行平层或者下行平层过低，可能是制动力不够，制动瓦与制动轮间隙过大，以及四周间隙不均匀引起（曳引式）	
11	层门和货厢门开、关异常（手动门）	电动推杆（电磁阀）故障（见图 j） j）电磁阀故障	检修或更换电动推杆（电磁阀）
		开门按钮触点接触不良	检修或更换开门按钮
		门锁机械卡阻	检修排除机械卡阻
		升降机不在开门区	检修或更换平层感应器

（续）

序号	常见故障	故障原因		排除方法
12	层门和货厢门开、关异常（自动门）	不能开门，可能是门机电动机损坏		检修或者更换门机电动机
		不能开门，可能是开门接触器损坏		检修或者更换开门接触器
		不能开门，可能是平层感应器的触点未断开，致使运行继电器未释放		检修或更换平层感应器
		长按关门按钮仍不能关门，可能是门机电动机或关门接触器损坏		检修或者更换门机电动机或关门接触器
		按下关门按钮就自动关门，可能是线路及程序没调整好		检修调整关门程序及线路
		开、关门速度降低或者跳动	可能是门机的带轮与传动带打滑	调整门机上胶带轮偏心轴或门机机座的螺栓
			可能是门地坎滑道积尘过多或有异物	清扫地坎滑道，排除异物
		门防夹人保护装置（如果有）失效	线路断路	检修线路，排除故障
			灰尘太多，导致动作不灵敏	擦洗装置，清除灰尘
			内部线路损坏	检修装置或者更换防夹人保护装置
13	门运行机械卡阻	门地坎、上坎滑道有灰尘等杂物		清除地坎、上坎滑道灰尘等杂物
		门滑块、偏心轮等导向装置磨损或者撞击变形引起门的卡阻和脱槽（见图 k 和图 l） k）卡阻		检修或更换门滑块、偏心轮等导向装置

（续）

序号	常见故障	故障原因		排除方法
13	门运行机械卡阻	 1）脱槽		检修或更换门滑块、偏心轮等导向装置
		安全销有机械卡阻（见图 m） m）安全销故障图		检修安全销
14	下行超速保护系统故障	货厢未超速下行时，限速器误动作或者有响声	限速器弹簧或者其紧固螺栓松动	检修和校验限速器，排除故障，使其达到规定动作速度
			限速器转动轴缺油或者磨损锈蚀	加油并检修磨损的转动轴
		在低于额定速度时安全钳动作	限速器动作速度过低	重新校验限速器动作速度并调整

（续）

序号	常见故障	故障原因		排除方法
14	下行超速保护系统故障	在低于额定速度时安全钳动作	安全钳复位弹簧刚度过小	更换符合规定的弹簧
			由于导轨发生位移，使安全钳与导轨间隙变小	检查校准导轨，打磨接头消除台阶，保证正常间隙
		超速下行时安全钳不动作	限速器失灵	检修或更换限速器
			限速器钢丝绳断裂	更换限速器钢丝绳
			张紧轮提拉力不够	更换合适的张紧轮
			安全拉杆的杠杆系统锈蚀，无法拉动安全钳	检查清洗杠杆系统，使杠杆动作灵活、正确
15	主保险熔体（片）经常烧断	容量太小，压紧松，接触不良		按额定电流值更换互相匹配的保险熔体（片）
		接触器接触不实，有卡阻现象		检修或更换接触器，排除卡阻现象
		起动、制动电阻接头压片松动		紧固有关接点，压紧压片
16	局部保险熔体（片）经常烧断	回路导线或电气元件有接地点		检查回路接地点，加强电气元件与接地体的绝缘
		有继电器绝缘垫片被击穿		加强绝缘垫片，或者更换继电器
17	有触电现象	各电气元器件、金属外壳接地不良		检修接地线路
		线路有老化、破损现象		检查并更换相关线路
18	显示灯、照明灯等不亮	灯丝损坏		矫正电压，更换灯泡
		照明回路电源未通		检修接通照明回路
		线路接点断开或者接触不良		检查线路，紧固接点

第七章 简易升降机事故案例分析及预防措施

近年来，简易升降机因其价格低廉，在全国各地被广泛应用。受经济利益的驱使，个别生产商在制造过程中只注重降低制造成本而忽视简易升降机的安全性能，致使其存在严重隐患。因此在使用简易升降机过程中具有一定的危险性和危害性。一旦发生事故，将给人民的生命、财产带来巨大损失，直接影响社会安定。为防止同类事故的重复发生，保障人民生命和财产的安全，在总结以往事故教训的基础上，结合一些已发生的事故案例，希望读者能从这些血淋淋的事故中得到有益的启发；引起对简易升降机的重视，增加感性认识，增强忧患意识，加强责任心，提高简易升降机制造和使用的安全水平。

一、台州某公司简易升降机货厢坠落伤人事故

（一）事故概况

2009 年 8 月 10 日 9 时左右，台州市某公司一员工，进入停靠在二楼的升降机货厢内搬运一桶物品时，货厢突然下坠至底坑，导致该员工由于剧烈振动而死亡。

该升降机属无证制造，在未检验取证的情况下投入使用。事故现场检查发现，该设备存在以下安全隐患：

1）该升降机无停层保护装置。

2）无运行防坠落保护装置。

3）无轿门。

4）无层楼显示。

5）无钢丝绳防松开关。

6）无层门机械联锁。

（二）事故原因分析

该升降机从四楼向一楼运行过程中，由于货厢运行部件与固定物之间安全距离偏小，使装在轿顶的平层打杆与墙体接触，造成升降机货厢卡在二楼井道壁上，停止向下运行；由于电动葫芦钢丝绳无防松安全开关，电动葫芦一直向下运转直至下极限，再加上该升降机无停层保护装置，使得货厢暂时处于悬空状态。当受害者进入货厢搬运货物时，由于振动等原因，使货厢与墙体产生滑动，货厢突然下坠，导致该事故的发生。

该升降机无钢丝绳防松开关、无停层保护装置是造成此次事故的主要原因。

（三）预防同类事故的措施

1）使用单位应使用符合国家标准要求的产品。

2）特种设备出现故障或者发生异常情况时，使用单位应当立即停止使用，由专业人员进行全面检查、消除事故隐患后，方可继续投入使用。

3）使用单位要加强对升降机的日常检查，及时消除隐患，保证升降机处于完好状态。

4）使用单位应加强特种设备作业人员的安全技术培训，提高应急处置能力。

二、临海市某工艺品厂一员工坠落井道事故

（一）事故概况

2012 年 4 月 10 日，该公司一员工，在三楼用手把升降机的货厢门打开，准备把一箱物品搬进货厢，运到二楼。当门打开后，货厢并没停靠在三楼，该员工没看清货厢位置，一脚踏进，坠入到底坑，导致该事故发生。

该升降机属无证制造，在未检验取证的情况下投入使用。事故现场检查发现，该设备存在以下安全隐患：

1）层门机械联锁装置设置不牢固。

2）层门电气联锁装置设置不合理。

3）无停层保护装置。

4）层站急停开关无效。

5）货厢提升高度、层（站）数超标。

6）货厢面积超标。

（二）事故原因分析

该员工在三楼准备把一包物品通过升降机搬运到二楼，他在三楼层门外用手扒开升降机层门。由于设置在三楼的层门机械联锁装置不牢固，该层门能被强制扒开，而升降机货厢并未在该层站。该员工在未看清货厢位置的情况下，直接进入，不小心从三楼层门处坠入升降机井道，导致该事故的发生。

该升降机层门机械联锁失效，是造成此次事故的主要原因。

（三）预防同类事故的措施

1）使用单位严禁选用不具有相应制造许可资质的单位制造的特种设备，且应当选择具有相应安装许可资格的单位进行特种设备的安装、改造和重大维修。

2）使用单位应重视特种设备的安全管理，对设备按期进行检验。

3）使用单位应加强特种设备作业人员的安全技术培训，提高应急处置能力。

4）特种设备出现故障或者发生异常情况时，使用单位应当立即停止使用，由专业人员进行全面检查、消除事故隐患后，方可继续投入使用。

三、玉环县某公司员工被简易升降机挤压事故

（一）事故概况

2008 年 4 月 19 日 20 时 30 分左右，公司员工徐某（死者）使用升降机将产品

从三楼运至二楼。升降机到二楼后，由于货厢地坎低于层门地坎，装载产品的手推车不能拉出。徐某叫来包装工张某（伤者）帮忙，在卸下部分产品后，手推车还是无法从货厢内拉出。于是两人一起走出货厢，想将货厢往上开到与层门地坎相平。操作过程：张某按三层按钮，发觉货厢没有运行时，接着按一层按钮，升降机还是没有运行。于是两人又到货厢内拉手推车，由张某在货厢内推车，徐某在层门旁拉车。正当两人刚开始往外拉车时，货厢突然坠落，两人也随货厢一起坠落，由于徐某身体卡在货厢顶与井道之间因挤压而导致事故发生，张某受伤。

1）通过现场检查发现，由于长期的重载运行和安装的不规范，导致滑轮罩壳固定滑轮的轴孔磨损严重。由于使用单位没有对该升降机进行经常性的日常维护保养和定期检查，以致上述缺陷没有及时发现和处理。在维护更换电动葫芦时，由于修理者专业知识和安全意识的匮乏，只更换了葫芦本体和钢丝绳，而未更换吊具，更严重的是更换的电动葫芦（3t）和原来的吊具（2t）不匹配。

2）由于该升降机未设置货厢门和层门机械联锁及电气联锁装置，以致在货物（包括推车）未完全放入货厢内，以及货厢门和层门未关闭的情况下，操作人员都能随意操作升降机。

3）由于货厢未对称设置在两导轨之间，货厢在自重与载荷的作用下倾斜，货厢长期的倾斜运行导致导靴磨损严重，事故发生前导靴与导轨咬死。在操作者给货厢一个向上运行的指令后（按三层按钮），葫芦开始向上运行，但由于货厢卡住未能同时向上运行。此时钢丝绳、吊具和货厢都受到葫芦施加的牵引力，在此力的作用下，滑轮罩壳固定滑轮处产生严重的塑性变形和局部裂开。当操作者发现货厢未运行时，又给了货厢一个向下运行的指令（按一层按钮）。在失去葫芦向上的牵引力后的瞬间，滑轮罩壳固定滑轮处在货厢自重和载荷的作用下再次破坏。在两人进货厢刚开始拉车时，由于此时滑轮罩壳固定滑轮处已严重破坏，以致滑轮与滑轮罩壳突然分离，货厢坠落。

4）由于该升降机未设置停层防坠落装置，且运行防坠落装置在货厢下坠的过程中脱离了货厢，未起到保护作用，即未能阻止货厢的坠落。

（二）事故原因分析

该升降机由于长期维保不到位，造成滑轮与滑轮罩壳严重磨损，在货厢的自重与载荷的作用下，滑轮与滑轮罩壳突然分离，使货厢失去向上的拉力，致使货厢自由下坠，是造成此次事故的直接原因；而该升降机防坠落保护装置未起作用和人员的不当操作，也是导致此次事故发生的主要原因。

（三）预防同类事故的措施

1）应加强对简易升降机主要易损件的安全检查，发现有异常现象应及时修理或更换。

2）使用单位应重视特种设备的安全管理，确保作业人员持证上岗，设备按期检验。

3）使用单位应加强特种设备作业人员的安全技术培训，提高应急处置能力。

四、温岭市某水泵厂简易升降机挤压致人死亡事故

（一）事故概况

2013 年 7 月 21 日下午，该公司搬运工龚某用厂里的翻斗车拉水泵外壳到二楼，她把翻斗车推入升降机货厢后，人也跟着上了升降机。她先把升降机门口的栅栏门关好，然后人站在升降机里边，伸出手按下门口外的按钮，升降机开始上升运行；在上升运行过程中，由于振动，造成翻斗车发生移动，翻斗车碰到龚某的身体，使龚某的身体向升降机货厢外倒去，身体重心一半离开升降机货厢底部，当货厢上升到层门上坎井道壁位置时，龚某挂在货厢外的身体部位被卡在货厢厢体底部与升降机井道壁的通道上，发生挤压事故。

该升降机属无证制造，在未检验取证的情况下投入使用。事故现场检查发现，该设备存在以下安全隐患：

1）每个层站无明显的额定载重量标牌或说明。

2）二楼层门主副门之间缺乏可靠连接。

3）各楼层未设置层门机械联锁装置。

4）各楼层层门电气联锁装置选择不符合规范。

5）未设置停层防坠落装置。

6）未设置运行防坠落装置。

7）未设置钢丝绳防松装置。

8）升降机上、下端站未设置安全触点式极限开关。

9）升降机上、下端站未设置限位开关。

（二）事故原因分析

该升降机为非法土制产品，存在严重安全隐患。由于升降机货厢未安装轿门，当龚某的身体向升降机货厢外倒去时，造成龚某挂在货厢外的身体部位被卡在货厢厢体底部与升降机井道壁的通道上，挤压身亡，是造成此次事故发生的直接原因；而操作人员违反升降机严禁乘人的规定，擅自乘坐升降机也是造成此次事故的间接原因。

（三）预防同类事故的措施

1）使用单位严禁选用不具有相应制造许可资质的单位制造的特种设备。

2）使用单位应重视特种设备的安全管理，确保作业人员持证上岗，严禁货厢内乘人。

3）使用单位应加强特种设备作业人员的安全技术培训，提高应急处置能力。

4）特种设备出现故障或者发生异常情况时，使用单位应当立即停止使用，由专业人员进行全面检查、消除事故隐患后，方可继续投入使用。

五、台州某公司简易升降机货厢坠落事故

（一）事故概况

2009 年 9 月 25 日下午，陈某和王某受董某委托，来到公司搬运机床，即陈、王两人将放在红冲车间二楼的三台复合机床搬运到一楼生产车间指定位置。陈、王两人利用手推车和升降机将第一台复合机床顺利搬到一楼指定地点后，再利用手推车将第二台复合机床推入货厢。当机床推进货厢大约 40cm 时，电动葫芦钢丝绳突然破断，陈某连同手推车和机床随着货厢一起坠落到一楼，陈某受重伤。

该升降机属无证制造，在未检验取证的情况下投入使用。事故现场检查发现，该设备存在以下安全隐患：

1）升降机各楼层未设置层门机械联锁装置。

2）升降机未设置停层防坠落装置。

3）升降机未设置运行防坠落装置。

4）升降机未设置钢丝绳防松装置。

事故发生后，对该设备进行现场检查发现，该升降机钢丝绳尾端绳卡固定方向错误，造成受力端钢丝绳变形，引起该处应力集中；在升降机长期的运行过程中，由于交变载荷的作用，造成钢丝绳在绳卡处疲劳断裂。根据事后使用单位所提供的钢丝绳的断口情况分析，在陈、王两人使用升降机时，钢丝绳已经断了四股，只有两股承载；再加上钢丝绳直径减小量已经大大超标，在陈、王两人用力将手推车上的复合机床推进货厢时，人、手推车、复合机床和货厢的自重相加已超过剩余两股钢丝绳的承载能力，导致钢丝绳被拉断。

（二）事故原因分析

该升降机为土制设备，未设置停层保护装置和防坠落保护装置，所以当钢丝绳断裂时，未能阻止货厢的下坠。

钢丝绳的断裂和未设置停层止挡或防坠落装置是导致此次事故发生的直接原因。

（三）预防同类事故的措施

1）使用单位严禁选用不具有相应制造许可资质的单位制造的特种设备，且应当选择具有相应安装许可资质的单位进行特种设备的安装、改造和重大维修。

2）使用单位应重视特种设备的安全管理，确保作业人员持证上岗，设备按期检验。

3）使用单位应加强特种设备作业人员的安全技术培训，提高应急处置能力。

4）应加强对易损件的安全检查，发现有隐患应及时更换或修理。

六、台州某鞋厂人员坠落简易升降机井道事故

（一）事故概况

2013 年 7 月 1 日 5 时 15 分左右，一员工张某，用土制升降机装载一桶水运到

三楼，本人爬梯上三楼。三楼厅门半开（事故后发现半开），而实际升降机货厢已停在四楼，张某在三楼厅门外未确认货厢是否在此层的情况下，进入货厢准备提水，由于货厢在四楼，张某一脚踏进，直接坠落到底坑，导致人员坠落事故发生。

该升降机属无证制造，在未检验取证的情况下投入使用。事故现场检查发现，该设备存在以下安全隐患：

1）升降机提升高度超标、层站数超标。

2）未设置层门电气联锁。

3）层站急停开关无效。

4）无停层保护装置。

5）无运行防坠落保护装置。

6）无层站三角钥匙。

7）货厢入口采用自动开启的自动门。

8）无上、下端站极限开关。

9）无货厢井道照明。

（二）事故原因分析

通过现场人员介绍及事故后留存现场查看，该升降机各层门机械联锁已设置；层门三角钥匙未设置，但在每层层门边上开一方形小孔用专用工具可以打开层门；层门电气联锁未设置，当层门打开时，升降机仍能正常运行。

事故发生时，升降机货厢停在四楼，而三楼货厢门半开。造成半开的原因是张某认为升降机已到了三楼，货厢不开门，便用力去拉层门。由于层门机械联锁无效，导致层门被打开；层门打开后，张某误认为升降机货厢停在三楼，由于早晨光线不好，一脚踏进坠入井道。

升降机层门机械联锁失效，作业人员违规操作是造成此次事故的主要原因。

（三）预防同类事故的措施

1）使用单位严禁选用不具有相应制造许可资质的单位制造的非法特种设备。

2）使用单位应重视特种设备的安全管理，确保作业人员持证上岗，设备按期检验。

3）使用单位应加强特种设备作业人员的安全技术培训，提高应急处置能力。

4）加强日常检查和管理，发现隐患，应消除事故隐患后，方可继续投入使用。

七、台州某公司简易升降机挤压伤人事故

（一）事故概况

2015年2月份，台州市某企业一生产车间内，一员工在一楼将几袋物品装入货厢，然后关上层门，按动上行按钮，用简易升降机将货物运送至二楼。员工爬楼梯上二楼层门处，当打开二层层门时，发现货厢内的一袋货物卡在货厢地坎与二楼层站处；该员工准备用手拉出被卡住的货物，但在用力无法拉出的情况下，又关上层门进行了下行操作，拟将货厢放回一楼，结果发现货厢仍处于原位。该员工进入

货厢内准备清除被卡住的货物时，货厢突然快速坠落，造成货厢内作业人员卡在货厢顶与井道壁之间受重伤，后经抢救无效死亡（见图7-1～图7-3）。

图7-1　简易升降机挤压伤人事故现场（一）

图7-2　简易升降机挤压伤人事故现场（二）

图7-3　简易升降机挤压伤人事故现场（三）

（二）事故现场情况

1. 设备状况

1）事故简易升降机的制造、安装单位均无相应资质，设备未注册登记，属无证使用，且现场作业人员无相应特种设备作业证。

2）事故简易升降机为二层二站式，额定起重量为1t、起升速度为8m/min，以钢丝绳电动葫芦作为驱动装置，通过钢丝绳拖动货厢，沿垂直于井道内的用角钢组焊而成的导轨运行。钢丝绳电动葫芦固定在井道上方的 H 形钢上，井道采用型钢、角钢等组焊而成。

2. 现场检测与勘查

1）事故现场的简易升降机货厢处于一楼层站处；除层站层门外，井道为全封闭；经测量楼层高为4.2m；一、二层层站均设置有控制按钮盒；货厢无轿门，经测量货厢宽为1m、高为1.4m、深为1.65m。

2）钢丝绳电动葫芦下降限位器处于动作状态；钢丝绳电动葫芦起升用的钢丝绳未发生断裂，处于受力张紧状态；货厢底部与底坑弹簧缓冲器未发生碰触，货厢在钢丝绳的牵引下处于悬挂状态。

3）事故简易升降机一、二层层门设有层门电气联锁保护装置，层站设有货厢平层限位开关，但无松断绳保护及防坠安全保护装置；通电后，关上层门，简易升降机能正常升降。

4）货厢采用型钢、角钢、钢板等组焊而成，经估算重约为0.35t。

（三）简易升降机坠落原因分析

1）由于该简易升降机驱动装置（钢丝绳电动葫芦）的升降速度为8m/min，因此可以排除驱动装置突然运转（即电动葫芦突然做下行运转）致使货厢突然快速下坠的可能。

2）由于事故后货厢底部与底坑弹簧缓冲器未发生碰触，货厢在电动葫芦钢丝绳的牵引下处于悬挂状态，以及事故后简易升降机能正常升降，因此可以排除电动葫芦制动器不起作用造成货厢突然快速坠落的可能。

3）货物卡住货厢后，现场作业人员进行了关闭上层门使货厢下行的操作。由于货厢被卡住，当按动简易升降机下行按钮时，钢丝绳电动葫芦即进入放绳动作状态；直至电动葫芦下降限位器动作，电动葫芦才停止下行动作。电动葫芦停止下行动作时，电动葫芦起升钢丝绳已处于松弛状态；当作业人员在货厢内解除被卡货物后，由于该简易升降机没有相应的防坠安全保护装置，在自重的作用下货厢快速坠落，是造成此次事故发生的主要原因。

（四）预防同类事故的措施

1）加强日常检查，发现隐患，及时修理或更换。

2）使用单位应重视特种设备的安全管理，确保作业人员持证上岗，设备按期检验。

3）使用单位应加强特种设备作业人员的安全技术培训，提高应急处置能力。

八、某航空城简易升降机坠落重大事故

（一）事故概况

2002年10月24日14时50分，某航空城C座高层住宅楼东侧电梯通道内正在运行的简易升降机钢丝绳突然断裂，使乘坐货厢的4人一起从高处坠落，事故造成3人死亡，一人受伤。事故设备系沈阳某起重技术服务公司利用楼内右侧电梯原有井道制作，安装货厢，为住户运送装修材料。当时沈阳某玻璃经销部给19楼住户送货，玻璃装上货厢后，2名经销人员进货厢扶玻璃，另2人也一同进入；当运行到12楼时，钢丝绳突然断裂，造成3死1伤重大事故。

（二）事故原因分析

1）升降机在27楼处电梯井内吊梁上的滑车已经非正常过度磨损，钢丝绳将滑轮槽底一侧磨出约10mm的沟槽后，又将侧板磨出3mm左右的槽，使钢丝绳进入滑轮侧面与侧板缝隙之间。10月24日14时50分，当升降机在运行时，钢丝绳在这个位置被卡死，不能移动，而卷扬机还在继续转动，将钢丝绳拉断，载货货厢坠落，致使事故发生。

2）沈阳某起重技术服务公司的这台升降机制造、安装没有设计方案和图样，使该升降机存在如下严重缺陷：

① 滑车与钢丝绳选配不合理。GB 26557—2011《吊笼有垂直导向的人货两用施工升降机》中明确规定，升降机滑轮直径与钢丝绳直径之比不得小于30，而事故现场选用的滑轮与钢丝绳直径之比小于8，不符合国家标准的规定。因此，在使用过程中加快了滑轮与钢丝绳的磨损程度。

② 导向滑轮的安装定位不合理。选择位置较偏，钢丝绳入角位置偏大，形成了歪拉斜拽，使27楼处电梯井内吊梁上滑车受到较大侧向力。当货厢升降时，造成钢丝绳与滑轮轮缘和侧板的磨损，并使钢丝绳滑入滑轮侧面缝隙之间，造成钢丝绳被卡死。

③ 货厢断绳装置保护不合格，如保护用的伸出杆较细，强度不够。当钢丝绳断裂后，货厢坠落产生的冲击力将伸出杆别弯，没有起到保护作用。

3）沈阳某起重技术服务公司不具备制造、安装升降机的资质，即在没有获得制造、安装安全认可证的情况下，违反国家规定制造和安装升降机，并在升降机安装调试后，没有按规定向特种设备监督管理部门申报检验。在没有取得安全合格证的情况下擅自使用，使升降机在使用中没有安全保障，是这事故发生的一个间接原因。

4）沈阳某起重技术服务公司对升降机运行状况的检查存在严重漏洞，每天两次检查竟然没有发现问题，说明检查极不认真，工作严重失职。没有发现事故隐患，导致事故发生，这是事故发生的另一个重要原因。

5）沈阳某起重技术服务公司对现场管理不善，监护人员违反规定，允许货厢载人，是造成人员伤亡的主要原因。

6）作为甲方的某航空公司，将住宅装修材料的运输服务工程发包给不具备制造、安装升降机资质的另一方（沈阳某起重技术服务公司），并在起重技术服务公司调试升降机后，甲方有关人员对升降机进行了验收性的查看，在明知升降机使用前应报质量技术监督部门，检验合格、获得安全合格证后才能使用的情况下，仍允许其不经检验批准就使用，是造成这起事故发生的另一间接原因。

（三）预防同类事故的措施

1）加强对施工升降机的监管力度，坚决打击制止非法制造、安装使用升降机的行为。

2）加强对升降机的检验，尤其对磨损严重部位和主要受力部分应仔细检查。

3）加强对升降机安全装置的性能确认和检查。

附录　管理制度汇编示例

简易升降机安全管理制度汇编示例范本包括封面、目录、日常维护修理制度及应急预案等的编写格式和基本内容。

封面

简易升降机
安全管理制度汇编

编制＿＿＿＿＿＿＿＿

审核＿＿＿＿＿＿＿＿

批准＿＿＿＿＿＿＿＿

＿＿＿＿＿＿＿＿×××××××＿有限公司

年　　月　　日　实施

目　　录

一、安全生产责任制度

安全生产是企业的根本，一旦发生重大安全事故，不仅造成重大损失，也影响经济发展，甚至危及社会稳定。企业要落实安全生产责任制，建立健全安全生产保证体系。简易升降机使用单位应确认主要负责人，并配备相应的作业人员。

（一）主要负责人

主要负责人指特种设备使用单位的实际最高管理者，对其单位所使用的特种设备安全负责。

（二）作业人员

简易升降机作业人员应当取得相应的特种设备作业人员资格证书，其主要职责如下：

1）严格执行特种设备有关安全管理制度，并且按照操作规程进行操作。

2）按照规定填写作业、交接班等记录。

3）参加安全教育和技能培训。

4）进行经常性维护保养，对发现的异常情况及时处理，并且做好记录。

5）作业过程中发现事故隐患或者其他不安全因素，应当立即采取紧急措施，并且按照规定的程序向单位有关负责人报告。

6）参加应急演练，掌握相应的应急处置技能。

二、安全操作规程及注意事项

简易升降机使用单位应当制定安全操作规程。安全操作规程一般包括设备运行参数、操作程序和方法、维护保养要求、安全注意事项、巡回检查和异常情况处置规定，以及相应记录等。简易升降机作业人员必须遵守简易升降机安全操作规程。

（一）对简易升降机操作者的要求

1）操作者必须身体健康，视力、听力等能满足具体工作条件的要求。

2）操作者应能熟悉安全操作规程和掌握有关安全注意事项。

3）操作者应熟悉升降机的基本结构和性能，掌握操作方法和安全装置的功用。

4）操作者必须经专业培训和考核，取得特种设备作业人员资格证后方可从事相应作业。

（二）简易升降机操作前的注意事项

1）工作前，操作人员应检查简易升降机供电电压是否正常。

2）工作前，操作人员应对简易升降机各安全装置及主要零部件进行仔细检查，并将简易升降机上、下运行数次，视其有无异常现象，确认灵活、可靠后方可使用。

3）工作前，操作人员应对外呼面板上的急停开关进行检查，确保其有效、可靠。

4）对于长期停用的简易升降机，当重新使用时，应按规定要求进行试运行，认为无异常后方可投入使用。

（三）升降机安全操作规程

1）严禁任何人搭乘简易升降机。

2）严禁超载运行。

3）严禁装运易燃、易爆等危险物品。

4）确定层门、货厢门关闭可靠，并检查紧急停止开关复位后方可起动简易升降机。

5）装卸货物时，必须确认停层保护装置处于保护位置方可进行装卸，并尽量缩短进入货厢内时间。

6）货物应尽可能稳妥地放置在货厢中间，以免在运行中货厢发生倾斜。

7）禁止对简易升降机安全开关进行短接或拆除。

8）严禁在层门或货厢门开启状态下运行。

9）三角钥匙由设备管理部门专人保管，操纵钥匙由管理人员或者操纵人员专门保管；三角钥匙应与操纵钥匙分开存放。不得随意出借操纵钥匙；三角钥匙绝对不能交给非操纵人员使用。

10）简易升降机未经检验机构监督检验（定期检验）合格，严禁使用。

11）简易升降机在使用过程中发现异常情况时，作业人员应当立即采取应急措施，并且按照规定的程序向本单位有关负责人报告。不得随意对设备进行检修、调试、拆换电气元件和机械零件。

12）简易升降机一旦出现故障应停止运行，不得带病运行、冒险作业。待故障、异常情况消除后，方可继续使用。

（四）简易升降机故障处理

当简易升降机发生如下故障时，应立即停止简易升降机运行，切断电源，并及时报告，请有资质的单位和持证人员进行维修。

1）层门、货厢门关闭后，不能正常起动运行时；

2）运行速度有明显变化时；

3）运行方向与指令方向相反时；

4）平层、召唤和楼层显示信号失灵，运行失控时；

5）有异常噪声、较大振动或冲击时；

6）安全钳经常性误动作时；

7）接触到金属部分有麻电现象时；

8）电气部件因过热而散发出焦热的臭味时。

（五）当升降机使用完毕后，应当做好以下工作：

1）操纵者应将货厢停于最底层，关闭层门、货厢门。

2）操纵者在确保层门、货厢门关闭到位后将操纵钥匙转换至停止状态。

3）升降机使用完毕后，应关闭主电源。

三、简易升降机安全使用管理制度

简易升降机的安全使用管理应遵循以下原则：

1）企业购买的简易升降机必须是已取得相应制造许可证的企业生产的合格产品。

2）企业应选择取得相应安装许可资格的单位安装简易升降机，并督促安装单位严格执行特种设备安装告知、检验等有关规定。

3）简易升降机安装完成后，经特种设备检验检测机构检验合格，方可接收。

4）简易升降机投入使用前，应核对该设备的设计文件、产品质量合格证明、安装及使用维修说明等，并最迟在投入使用后 30 日内，向质量技术监督管理部门申报登记。登记后应将检验合格标志张贴在该设备的显著位置，并建立特种设备档案。

5）禁止使用没有在质量技术监督管理部门注册登记的简易升降机；禁止使用没有完整安全技术资料（档案）的简易升降机；禁止使用首次检验或者定期检验不合格的简易升降机。

6）应编制简易升降机维护保养计划，及时组织开展简易升降机的维护保养工作。

7）简易升降机的大修、改造须由取得相应资格许可的特种设备修理改造单位进行，并督促修理改造单位及时办理告知手续。修理改造的特种设备须经检验合格方可投入运行。

8）停用的简易升降机应切断电源及相关管线，做好保养，挂贴停用标志。停用一年以上，应及时到特种设备安全监察机构办理停用手续。

9）简易升降机出现故障、存在严重事故隐患、无改造及维修价值，或达到安全技术规范等规定的设计使用年限及报废条件的，应做报废处理。

四、简易升降机技术档案管理制度

1）使用单位应当建立简易升降机安全技术档案，档案材料应完整、准确，还应包括以下内容：

① 使用登记证。

②《特种设备使用登记表》。

③ 简易升降机定期自行检查记录（报告）和定期检验报告。

④ 简易升降机日常使用状况记录。

⑤ 简易升降机安全附件和安全保护装置校验、检修、更换记录和有关报告。

⑥ 简易升降机运行故障和事故记录及事故处理报告。

⑦ 简易升降机运行故障记录、检修记录、改造记录和事故记录。

⑧ 其他相关材料。

2）简易升降机技术档案由使用单位专人管理，并进行整理、归类和装订编号。

3）简易升降机技术档案材料应妥善保管，保证完整、完好、真实，不得随意涂改或篡改，不得任意抽取有关资料。借用、借阅应办理相关手续。

4）简易升降机技术档案建立后，应编制简易升降机台账，内容应包括设备名称、单位编号、设备型号、制造企业、出厂编号、注册登记编号、投入使用日期和下次定期检验时间等信息。

5）档案管理人员应及时收集简易升降机检修、检验等记录材料及其他有关资料，整理归档。

五、简易升降机的维护保养制度

使用单位对简易升降机的半月维护保养、季度维护保养和年度维护保养，应选择具有相应资质、相应能力的专业化、社会化维护保养单位进行，并制订保养计划。

（一）维修人员应具备以下条件

1）熟悉升降机的原理、结构及操作方法。

2）熟悉主要部件的结构、动作过程，尤其是熟悉电器元件、部件的使用方法。

3）熟悉控制程序流程，具有熟练的故障判断、分析和排查能力。

4）取得相应资格证书。

（二）升降机维修时，应做到以下几点：

1）总电源开关和各层门口应挂有"正在修理，禁止合闸（使用）"的告示牌。

2）维修时，应由专业人员负责指挥，其他协同人员必须绝对服从总调度。

3）维修时，升降机只能置于"检修"状态；当不需要货厢运行时，应断开相应的开关。

4）严禁将安全电路、门锁电路用短接方法封起来运行。行灯应使用带有护罩的 36V 安全灯。

5）严禁在厅门外探身到货厢内或轿顶作业；严禁一脚踏在井道边或货厢地坎上，另一脚踏在井道内任何支点上作业；严禁在对重运行范围内工作，若必须在该处工作时，应在专人负责看管货厢停止运行开关的条件下进行。

6）维修中若拆卸过驱动电路的接线，恢复时必须保证相序相同，并试运行观察电动葫芦或曳引机转向是否正确。

7）维修结束后，应将所有开关恢复到原来位置，填写维修记录，才能交付使用。

六、简易升降机安全技术性能定期检验制度

1）简易升降机使用单位应建立简易升降机使用台账，及时掌握该设备的检验周期。对于安全检查检验合格有效期即将到期的简易升降机，应提前整理有关资料和申请表，提前一个月向当地特种设备检验机构申报检验。

2）简易升降机检验周期为一年。

3）对定期检验中发现的问题，使用单位应及时安排落实整改。

七、简易升降机停用申报和报废注销制度

1）简易升降机使用中发现设备存在严重事故隐患，无改造、维修价值的，应及时报告负责人；经确认应予以报废的简易升降机，经负责人签字同意后做报废处理。报废的简易升降机如果一时不能拆除的，应切断电源，切断管线，并挂贴报废标志。

2）对因生产原因暂停使用的简易升降机，应切断电源，并视停用情况切断管线，做好保养工作，挂贴停用标志。

3）对停用、报废（含出售）的简易升降机，使用单位应在停用起 30 日内带有关资料到当地特种设备安全监管部门办理相关手续。

八、简易升降机事故的预防

1）严格贯彻落实《中华人民共和国安全生产法》和《特种设备安全监察条例》等法律法规及国家标准规范，坚持"安全第一，预防为主"的安全生产方针，增强安全意识，落实安全措施，消除事故隐患，确保安全生产。

2）落实安全责任制，坚持"谁主管，谁负责"的原则，提高安全管理的水平。

3）制定、健全、完善各项安全管理规章制度和保障安全的操作规程。

4）加强安全检查。要坚持日常安全检查制度，坚持定期检查与抽查相结合、专业性检查与季节性检查相结合；检查与整改相结合的方针，对发现的不安全因素和事故隐患要高度重视，积极落实整改，预防事故发生。

5）认真做好安全教育工作，不断提高员工专业技术素质和操作技能，杜绝、消除错误操作和违章操作，有效避免和防止事故发生。

6）坚持持证上岗制度，特种作业的操作工必须做到 100％持证上岗。

7）加强设备管理，定期维护保养、检修，确保完好。

8）不断完善"事故应急救援预案"，并定期进行演练，确保每年至少一次，提高实战抢险的能力，有效遏制事故发生。

九、简易升降机事故应急预案及事故处理制度

1）企业一旦发生简易升降机事故，应立即报告相关负责人。

2）企业负责人立即向当地特种设备安全监管部门报告事故情况，事故报告内容包括发生事故单位名称、联系人、联系电话，事故发生的地点、时间，人员伤亡、经济损失及事故概况等。

3）由企业负责人启动事故应急措施和求援预案，成立现场指挥小组，统一指挥协调现场救护、现场保卫、抢险救灾、后勤保障等各项工作：

① 组织人员抢救伤员，通知医疗单位做好救治准备。

② 调集车辆及抢救器材。

③ 组织人员控制事故范围，防止事故蔓延。

④ 加强现场警戒和保卫工作。

⑤ 存在火灾、中毒等危险时，做好企业职工的疏散；同时报告当地政府，并积极协助做好现场周围居民的疏散工作。

⑥ 及时采取有关措施，如切断电源、物料输送管道或其他管道，设置警戒线，禁止无关人员进入现场，防止二次事故发生。

4）保护好事故现场。

① 加强现场警戒保卫，禁止无关人员进入现场，防止故意破坏现场；进入现场人员应履行登记手续。

② 为抢救人员和防止事故扩大而需要改变现场状况时，必须做好标志，绘制现场简图并写出书面记录；见证人员应签字，必要时应当对事故现场和伤亡情况录像或者拍照。

③ 消防、救火时，做好路线、方位、位置的选择，尽量保持现场原始状态。

④ 不得随意改变事故现场的地形、地貌，不得移动或取走现场的任何物品，不得改变现场设备、管子、管件、阀门、控制和保护装置，仪器仪表的位置、状态及显示数字或指针的位置等。

5）对人员伤亡事故及重大经济损失事故，企业要积极配合当地政府事故调查组开展事故调查，并妥善做好死伤人员抚恤等善后工作。

6）特种设备管理部门要总结事故经验教训，根据事故原因制定事故防范措施，并切实落实。